드림 스펙트럼

생활과학 에세이 ❶

드림 스펙트럼

· 빛과 색 이야기 ·

강찬형 지음

무지개꿈
Rainbow Dream

프롤로그

하얀 모래 위에

시냇물이 흐르고

파란 하늘 높이

흰 구름이 흐르네

지난날 시냇가에

같이 놀던 친구는

냇물처럼 구름처럼

멀리 가고 없는데

다시 한번 다시 한번

보고 싶은 옛 친구

하얀 꽃잎 따라

벌 나비가 날으고

파란 잔디 위엔

꽃바람이 흐르네

(후략)

―김세환, <옛 친구>(1972)

  이 노래는 지금부터 50여 년 전 당시 20대 가수로 인기를 모은 김세환 씨의 곡이다. 어릴 적 시냇가에서 같이 놀던 친구를 회상하며 그 당시의 정경을 노래로 표현하고 있다. 노랫말에 보이는 풍경의 색깔은 모래, 구름, 꽃잎의 흰색과 하늘과 잔디의 파란색이다. 가사 중에 흰 꽃잎이라고 묘사하고 있는데, 시절은 나무에서 초록의 이파리가 나오기 전인 초봄처럼 보인다. 이 세대 사람들은 하늘의 색깔과 잔디의 색깔을 모두 파랗다고 표현하고 있다. 요즘에는 하늘의 'blue'와 잔디의 'green'을 구분하려고 노력하지만, 그때는 그렇게 불러도 하늘과 잔디를 알아서 구별하여 인식하였다.

  우리는 눈을 통해 물건들의 형태를 인식하고 색깔로 혹은 명암으로 세상을 컬러풀(colorful) 하게 본다. 오늘날 과학으로 이해하기로는 태양이나 발광체에서 나오는 빛이 물체에 부딪쳐서 반사되는 빛을 색(color)이라고 말하는데 우리 눈에 빛(색)을 인식하는 세포가 있어서 가능하다. 색의 이름은 다양하다. 보통 무채색과 유채색으로 나눈다. 서양에서는 유채색을 무지개의 색깔

일곱 가지로 표현하고 있다. 동양에서는 무채색과 유채색을 통틀어 다섯 가지, 즉 오방색으로 표현하기도 한다. 빛 또는 색이란 무엇인가라는 명제를 가지고 고민한 인류는 현재 자연과학적인 관찰과 이해를 기반으로 본질을 이해했다고 믿고 있다. 디스플레이 기구를 만들어 물건의 형태나 색깔을 재현하고 그 그림(영상)을 멀리까지 보내고 있다.

먼저 빛에 대해서 과학적으로 우리 인류가 어떻게 생각해 왔는지에 대해서 고찰해 본다. 우리는 어떤 복잡한 성질을 갖는 대상을 단순한 변수에 따라 나누어 늘어놓은 결과를 스펙트럼이라고 말한다. 대표적으로 빛이 프리즘을 통과할 때 빛의 파장에 따라 굴절률이 다르므로 분산을 일으키는데, 그 결과물은 파장의 순서로 배열된다. 이를 빛의 스펙트럼이라고 말한다. 대표적인 스펙트럼으로 비가 갠 하늘에 떠 있는 무지개를 들 수 있다. 공중의 물방울에서 굴절이 일어나 파장의 순서로 배열된다. 이를 우리는 '빨주노초파남보'라는 색으로 인식하고 있다. 이를 가시광선의 스펙트럼이라고 부른다.

한편 우리가 눈으로 인식하지 못하는 빛이 있다는 막연한 생각에서 적외선이니 자외선이라는 이름을 붙였다. 또한 물질의 본질을 이해하는 과정에서 X선, 감마선 등이 발견되었다. 20세기 들어 우리 인류가 발견한 위대한 발견은 모든 물체는 가지고 있는 에너지를 파동의 형태로 외부로 발산할 수 있다는 생각이다. 이러한 발산을 복사(radiation)라고 부르기도 한다. 파동의 에너지는 파동의 주파수(진동수)에 비례하고 그것의 전달 속도는 주파수에 파장을 곱하면 된다.

이 책에서는 본론으로 가시광선 중에서 천연색이라고 알고 있는 '빨주노초파남보'에 대해서 자세히 알아보고 물체의 색에 대해서 고찰해 볼 예정이다. 이보다 먼저 무채색(검정, 백색, 회색)에 대해 우리가 어떻게 느끼고 있는지 생각해 볼까 한다. 우리의 문화생활에서 각각의 색이 어떻게 다루어졌는지에 대해서 필자의 경험을 바탕으로 생각해 볼 예정이다.

그런 다음에 우리 인류가 경이롭게 생각한 광물의 색에 대해서 살펴보고 보석이라고 치부되어 온 광물의 실상을 현대 과학의 이해를 중심으로 살펴볼 예정이다. 이러한 이해를 바탕으로 인조 보석에 대해서 알아보고자 한다. 다음에 레이저, LED(light emitting diode, 발광 다이오드) 등 '빛의 과학'이라는 이름으로 현대문명에 의해 발명된 광학기계에 대하여 고찰해 보고자 한다. 창문과 대문(현관문)의 쓰임새에 대하여 살펴보고 빛이 투과하는 도체인 투명전극에 관해서 알아볼 예정이다.

CONTENTS

프롤로그 4

1장 빛의 성질

해 아래 새 것이 없다 • 모닥불과 촛불 14
   모닥불부터 촛불까지 : 일상을 채우고 역사를 만들어온 '불'
   불의 색, 세계의 색
   지구에서 일어나는 모든 일은 태양으로부터 시작된다

'퐁당퐁당', 돌과 물결 • 시인과 과학자 23

속력과 속도를 생각한다 • 음속과 광속 33

빛은 입자로 되어 있다 • 광자와 전자 41

빛이란 무엇인가 • 빛과 그리고 그림자 51

2장 색이란 무엇인가

빛의 삼원색, 색의 삼원색 • 빛에 대한 물체의 반응이 색이다   64
흑(黑, black) • 블랙 벨트   76
백(白, white) • 명랑한 흰 빛에   85
회색(灰色, gray) • 나목(裸木)   96
색즉시공(色卽是空) • 원자는 비어 있다   103

3장 무지개색

어린이는 어른의 아버지 • 무지개   110
빨강(赤, red) • 대추, 노을, 붉은 꽃, 단풍   121
주황(朱, orange) • 능소화, 감, 오렌지, 주홍글씨   130
노랑(黃, yellow) • 개나리, 민들레, 해바라기, 국화, 은행잎   140

초록(綠, green) • 시인의 초록, 과학자의 초록　　　　　　　　　148
　　시인의 초록: 시인은 왜 하필 '마흔두 개'의 초록을 말했을까?
　　과학자의 초록: 식물의 잎은 왜 녹색으로 보일까?
　　쿠바의 초록: 관타나메라
파랑(靑, blue) • 물빛과 하늘빛　　　　　　　　　　　　　　161
남(藍, indigo blue) • 쪽빛 바다　　　　　　　　　　　　　　172
보라(紫, violet) • 쪽과 도라지꽃　　　　　　　　　　　　　181

4장 보석의 색

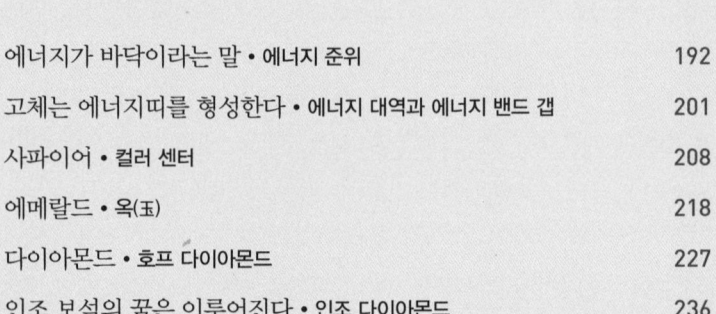

에너지가 바닥이라는 말 • 에너지 준위　　　　　　　　　　192
고체는 에너지띠를 형성한다 • 에너지 대역과 에너지 밴드 갭　201
사파이어 • 컬러 센터　　　　　　　　　　　　　　　　　　208
에메랄드 • 옥(玉)　　　　　　　　　　　　　　　　　　　218
다이아몬드 • 호프 다이아몬드　　　　　　　　　　　　　　227
인조 보석의 꿈은 이루어진다 • 인조 다이아몬드　　　　　　236

5장 빛의 과학

레이저 • 빛의 증폭　　　　　　　　　　　　　　246
창문과 대문 • 광물의 색깔　　　　　　　　　　256
LED(light emitting diode) • LED와 LCD는 별개　264
투명전극 • 플라스마 주파수　　　　　　　　　　274

에필로그 • 세렌디피티　　　　　　　　　　　　278

Dream Spectrum

1장

빛의 성질

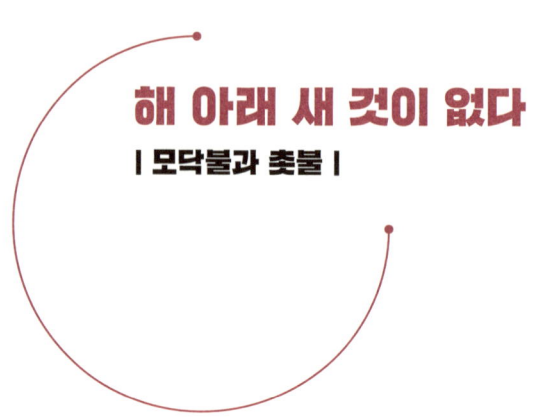

해 아래 새 것이 없다
| 모닥불과 촛불 |

모닥불 피워놓고 마주 앉아서, 우리들의 이야기는 끝이 없어라. 인생은 연기 속에 재를 남기고 말없이 사라지는 모닥불 같은 것 타다가 꺼지는 그 순간까지 우리들의 이야기는 끝이 없어라.
—박인희, <모닥불>(1973)

당신은 누구시길래 이렇게 내 마음 깊은 거기에 찾아와 어느새 촛불 하나 이렇게 밝혀 놓으셨나요?
어느 별 어느 하늘이 이렇게 당신이 밝혀 놓으신 불처럼 밤이면 밤마다 이렇게 타오를 수 있나요?
—송창식, <사랑이야>(1974)

모닥불부터 촛불까지 :
일상을 채우고 역사를 만들어온 '불'

박인희의 노래에서 모닥불은 덧없는 우리 인생의 비유이고, 송창식의 촛불은 꺼지지 않는 사랑의 빛을 의미한다. 널리 사랑받은 대중가요 속에서 모닥불, 촛불이 각각 인생과 사랑의 비유로 쓰일 수 있는 것은 우리 삶 속에 이것들이 너무 익숙하고 가까이에 있기 때문이다. 인류 문명은 불의 활용에 그 시작과 발달이 있었다고 해도 과언이 아니다. 인류가 불을 발견하고 이를 적절히 생활에 활용함으로써 우리의 문화가 발전되었다.

모닥불은 불을 열원으로 곡식이나 고기를 익혀서 소화가 잘되는 음식을 만드는 취사 용도로 발전되었다. 인류가 문화적인 활동을 하면서 모닥불은 취사 목적 외에 캠프파이어(camp fire)처럼 정감적이며 따뜻한 분위기를 느낄 수 있는 사회적인 도구로 쓰이고 있다. 지금은 캠핑에 가서 모닥불은 피우지 않고 차박 매트를 설치하고 석탄이나 석유를 이용하여 그릴에 불을 피우고 바비큐를 먹고 이른바 '불멍'을 즐기는 것이 유행하고 있지만, 모닥불은 원래 건초나 낙엽 등을 태워서 피웠다. 매캐한 연기가 나서 불편을 끼치지만, 주위를 들러서 있는 사람들에게 감상적인 이야기를 나누게 하고 분위기를 더욱 낭만적으로 만드는 역할을 하고 있다.

촛불은 어두움을 밝히는 조명의 목적으로 발명되었으나 문명의 발달과 함께 촛불은 우리 언어와 사고에서 다양한 의미를 내포하게 되었다. 종교적으로 유대인들이 축일 등에 촛불을 밝히는 것이나, 문화적인 행사에서 전등을 모두 끈 채 촛불을 밝히고 선서나 다짐을 시행하는 행위도 모두 이런 유형에 들겠다. 조명의 수단이 횃불, 등잔불, 촛불, 백열전등, 형광등, LED 등등으로 발전해 왔지만, 그 문명 기구들이 불을 만드는 재료나 원리는 달라도 기본적인 활용도는 어둠을 밝히는 것이다. 촛불이 실내용이라면 야외용으로 횃불을 들 수 있다. 횃불은 밖에서 어둠을 밝히는 게 원래의 목적이지만, 계몽적이고 선동적인 의미를 내포하고 있다. 올림픽 등 체육행사 전에 이벤트로 치르는 성화 릴레이 행사에는 적정한 최신 기술을 활용하여 불씨를 유지하며 나라를 건너고 전국을 돌며 봉송하고 있다. 국가적으로는 전국 각지에 봉수대를 세우고 봉화(烽火)를 올려 연기를 통신 시스템으로 이용하였다.

내비게이션이 활성화되어 있지 않던 옛날에는 밤에 등대에서 반짝이는 등댓불은 지나가는 선박들이 자신의 위치를 확인하게 도와주는 고마운 불빛이었을 것이다. 요즘에는 야간에 배를 운전하는 선원들에게 직접 눈으로 확인시켜 안심하게 하는 역할을 하거나, 날이 좋은 대낮에는 육지의 관광객들에게 사진 찍기 좋은 명소 역할을 한다. 미국 로드아일랜드 주 캐슬힐 등대, 뉴포트 서쪽 끝에 자리한 이 등대는 그 옛날에 선원을 향해 신호를 보내는 역할을 했다. 요즘에는 일반인에게 그 등대가 공개되지는 않지만, 부지 근처까지는 갈 수 있어 뉴포트 다리와 캐슬힐의 멋진 경관을 감상할 수 있다. 이 등대는 1988년 미국 국가사적지 목록에 이름을 올렸다고 한다. 이와 유사한 이야기가 전해 내려오는 등대는 우리나라에도 많이 있다. 예를 들어 서해안 대부도 옆 오이도에는 빨간색 등대가 상징물로 세워져 있고, 제주도 서귀포에는 50여 년 전에 세워진 부부 등대가 있다. 등대가 야간에 자신의 위치를 알려주는 역할에서 벗어나 이제는 대낮에 관광객이나 드론에게 자신의 위치와 자태를 뽐내는 신세가 되었다.

요즘 우리가 일상에서 가장 자주 접하는 촛불은 생일 케이크의 초일지도 모르겠다. 생일에 생크림을 잔뜩 바른 케이크 앞에서 주인공의 생일을 축하하고 잘라 나눠 먹는 일이 일상이 되었다. 할아버지 생신에 삼촌이 사 온 아이스크림 케이크에 둘러앉아 나이를 갈음하는 초를 꽂고 "생일 축하합니다"를 합창하고 노래가 끝나자마자 입김을 불어 촛불을 끄는 것이 어린이들에게는 재미있는 일이 되었다. 촛불을 불어 끄는 데 큰 손녀보다 조금 늦은 작은 손녀가 못내 아쉬워하고 기분이 나빠 보인다. 그러면 할아버지는 얼른 초에 불을 다시 붙이고 처음부터 다시 시작하여 작은 손녀에게 기회를 준다. 생일 촛불은 소중한 이의 생일을 함께 축하하는 자리에 작은 이벤트로서 그 자리를 특별하게 만들어준다. 작지만 소중한 촛불부터 모닥불, 봉화, 등댓불까지 '불'은 처음 인류에게 온 순간부터 지금까지 우리 삶 곳곳을 채우고 역사를 만들어왔다.

불의 색, 세계의 색

우리는 흔히 불은 빨간색이라고 생각한다. 그러나 촛불이나 모닥불처럼 소박한 재료를 연료로 하는 경우가 아닌, 석탄이나 석유로 연료를 삼는 경우, 주위는 더욱 뜨거워지고, 불빛은 빨강을 넘어 파랑이나 보라색을 띠게 되고 흰색으로 보이기도 한다. 구리나 철을 녹이는 용광로 앞에서 우리는 두려움을 느낄 정도의 열기와 눈부심을 경험한다. 불의 온도가 올라갈수록 거기에서 나오는 빛의 파장이 빨강에서 녹색, 청색으로 바뀌고, 어떤 경우에는 여러 종류의 빛이 섞여서 백색으로 보이게 된다.

빛이 우리 눈에 보이는 색은, 색에 대한 우리의 느낌에 영향을 주었을 것이다. 우리는 언어 생활에서 노랑, 빨강, 오렌지색은 따뜻한 색으로 청색은 차가운 색으로 묘사하고 있다. 빨강이 제일 정열적이고, 노랑은 포근하며, 녹색은 칙칙하고, 청색은 차가운 느낌으로 표현되고 있다. 이는 옛날에 나무나 낙엽 정도를 태워서 도달하는 불의 색깔이 빨강 정도였고 숯 정도를 때우면 그 불길이 활활 빨갛게 타고 뜨겁게 느껴져서 정열적으로 느끼지 않았나 생각된다. 노랑이 포근한 느낌을 주는데, 수선화, 개나리, 유채꽃 등 봄에 피는 꽃들이나 국화, 해바라기 등 따뜻한 가을 햇살에 피는 꽃들의 색깔과 연관이 있지 않을까 생각된다. 녹색은 무언가 칙칙한 느낌을 주는데 여름에 축 늘어진 이파리를 연상하게끔 하고 한자어에서는 안개의 색깔을 녹색으로 표현하고 있다. 청색은 무언가 차가운 느낌을 주는데, 여름에 푸른 해변으로 피서를 가고, 추운 겨울의 맑은 하늘이나 바다가 더욱 푸르게 보이고, 차가운 물이나 얼음을 청색으로 묘사하는 것과 연관이 있어 보인다.

어떤 신령한 물체에서 빛이 방출된다는 믿음도 아주 오래전에 형성되었다. 불교에서 보살의 몸 뒤로부터 빛이 내비치는 것이나 천주교에서 성화 가운데 성인을 헤일로(halo)라고 부르는 원으로 감싼다든지 하는 것이 그것이다. 이를 후광(後光)이라고 부르는데, 뒤에서 나오는 빛이라는 정도의 의미일 것이다. 보살이나 성인이라도 자체 발광(發光)할 수는 없다는 생각이 밑바탕에

깔려 있다. 우리의 일상에서는 후광은 비유적으로 어떤 사물을 더욱 빛나게 하거나 두드러지게 하는 배경을 의미한다. 요즘의 일부 광학기계에서 뒤에 빛이 있다는 의미로 백라이트(backlight)라는 용어를 사용하는데, 쓰는 말은 한자어 아닌 영어로 다르게 쓰고 있다.

이렇듯 열과 빛, 빛과 색은 밀접한 관련성을 맺고 우리 삶 깊숙한 데서 작용하고 있다.

지구에서 일어나는 모든 일은 태양으로부터 시작된다

전에는 겨울에 우리들의 교실이나 사무실에 라디에이터(radiator)라고 부르는 당시에는 꽤 고급인 난방기구가 있었다. 보통 라디에이터는 창문가 벽에 조금 떨어져 설치되어 있는데, 스위치를 켜면 뜨거운 물이 관을 통해 들어오고 온수의 열기로 방의 공기가 데워지고 방 안이 훈훈해진다. 이같이 열을 발산하는 장치를 라디에이터라고 불렀는데, 뜨거운 물체에서 빛이 방출되는 현상을 '라디에이션'이라고 부른다. 오늘날 우리는 물체가 뜨거울수록 그 물체에서 더욱 짧은 파장의 빛이 나온다고 인식하고 있다. 이렇게 나온 빛을 물리학적으로 라디에이션(radiation)이라 부른다. 복사(輻射) 혹은 방사(放射)라고 번역한다. 넓은 의미에서, 어떤 물체에서 방출되는 에너지를 라디에이션이라고 부를 수 있다. 이는 20세기 들어 우리 인류가 깨달은 아주 획기적인 개념이다.

그렇지만 이 현상은 지구가 생긴 후부터 언제나 존재해 왔다. 우리 인류가 오랫동안 경험하고 가장 크게 영향을 받은 라디에이션은 바로 태양으로부터 온다. 태양은 태양계의 중심에 있는 아주 거대한 라디에이션 소스(radiation source)로서 태양계의 모든 행성이 그 주위를 회전하고 있다. 지구상에서 일어나고 있는 모든 생명현상과 대부분의 에너지 현상은 바로 태양으로부터 오는 복사 때문이다. 태양계가 수십억 년 전에 형성된 이후 지금까지 지구는 태양의 영향 아래에 있으며, 인류가 지구를 점령한 것은 태양을 제대로 이해하고 활용했기 때문이다. 참으로 태양의 존재와 역할은 경이롭다.

"해 아래에는 새것이 없다(There is nothing new under the sun)."
―<전도서> 1:9

이 문장에는 이 세계의 과학적 원리가 그대로 담겨 있다. 해는 모든 에너지의 기원이기 때문이다. 우리가 일상에서 흔히 접하는 촛불부터, 생소하고 심오해 보이는 여러 가지 에너지도 결국은 모두 해로부터 출발한다.

'퐁당퐁당', 돌과 물결
—시인과 과학자

> 퐁당퐁당 돌을 던지자. 누나 몰래 돌을 던지자.
> 냇물아, 퍼져라. 널리 널리 퍼져라.
> 건너편에 앉아서 나물을 씻는
> 우리 누나 손등을 간질여 주어라.
> —윤석중, 홍난파 곡, <퐁당퐁당>

이 동요는 우리가 초등학교 때 자주 불렀던 유명한 동요이다. 이 동요를 음미할 때마다 작사자인 윤석중 시인의 자연과학에 관한 지식이 상당하지 않았나 생각한다. 시인은 감성적으로 예쁜 동시를 써 내려갔겠지만, 오늘날의 자연과학에서 통용되는 과학적인 인식 수준에 전혀 어긋남이 없이 자연현상을 묘사하고 있다. 소년이 냇물에 던진 돌에 의해 생긴 물결은 건너편에 앉아서 나물을 씻는 누나의 손등에까지 에너지(energy)와 운동량(momentum)을 전달한다. 소년이 돌멩이를 들어서 던지는 순간 소년의 근육에서 나온 에너지는 돌멩이의 위치에너지와 운동에너지로 바뀐다. 돌이 수면에 떨어지면, 그 에너지는 대부분 물결 즉 파동(wave)으로 바뀌어 건너편에 앉아서 나물을 씻는 누나의 손등에 전달된다. 돌멩이의 에너지가 소리 에너지로 많이 바뀌면 퐁당 소리가 크게 나니까 누나 몰래 물결이 전달되게 하려는 소년의 의도가 무산된다. 그렇게 하려면 돌멩이의 에너지가 공기 중의 압력분포를 바꾸는 데 소모되지 않도록 돌을 살짝 던져야 한다. 공기 중의 압력분포가 바뀌면 소리라는 음파가 발생하고 전파된다. 이렇듯 시인은 과학지식을 잘 내면화해야 멋진 노랫말을 쓸 수 있다.

그러면 소년이 냇물에 던진 돌멩이를 맞은 물 분자가 건너편에 앉아 나물을 씻는 누나의 손등에까지 움직인 것일까? 보통 그렇게 생각하기 쉽지만, 실상은 그렇지 않다. 오늘날의 과학 지식에 따르면 소년이 던진 돌멩이에 맞은 물 분자들은 돌멩이의 운동에너지를 받아 옆에 있는 다른 물 분자에 전달하고, 그 물 분자는 또 옆에 있는 물 분자에게 연속적으로 전달하여 결국은 에너지가 건너편에 도달하여 누나의 손등을 간질여 준다. 이는 도미노를 관찰하면 쉽게 이해할 수 있다. 도미노의 각 블록은 제자리에 서 있다가 넘어질 뿐이고 그 에너지가 옆 블록으로 옮겨가서 다른 도미노를 넘어뜨리듯이 파동에서 매질 자체가 이동하는 것이 아니라 매질은 진동하고 그 진동의 결과로 에너지가 옆으로 움직이는 것이다. 에너지의 전달 과정에서 물 분자들은 각각 그 지점 근처에서 위아래로 움직이기만 하고 있을 뿐인데 우리 눈은 물결이 이는 것으로 인식하고 있다. 즉 파동은 에너지의 전달 방식 중 하나이다.

> 내 마음은 호수요,
> 그대 노 저어 오오.
> 나는 그대의 흰 그림자를 안고,
> 옥같이 그대의 뱃전에 부서지리다.
>
> 내 마음은 촛불이요,
> 그대 저 문을 닫아 주오.
> 나는 그대의 비단 옷자락에 떨며, 고요히
> 최후의 한 방울도 남김없이 타오리다.

내 마음은 나그네요,

그대 피리를 불어 주오,

나는 달 아래 귀를 기울이며, 호젓이

나의 밤을 새이오리다.

내 마음은 낙엽이요,

잠깐 그대의 뜰에 머무르게 하오.

이제 바람이 일면 나는 또 나그네같이, 외로이

그대를 떠나오리다.

―김동명, <내 마음>

이 시에서는 각종 파동이 등장하고 있다. 물결, 빛, 소리, 바람 등 각종 파동을 총동원하여 우리의 심상을 묘사하고 있다. 거기에다 호수, 촛불, 피리, 낙엽 등의 소재 혹은 물체를 적절히 붙여서 파동이 어디서 어떻게 생겼는지 설명하고, 각종 파동을 우리 마음에 비유하고 있다. 우리 시인들은 참으로 위대한 과학자였다고 생각된다.

한편 파동의 전파 방식을 살펴보면, 우리가 물결에서 관찰하면 알 수 있듯이 파(wave)는 마루(crest)와 골(valley)로 이루어져 있다. 파동은 위아래로 떨면서 움직이는데 이를 진동(振動,

oscillation, vibration)이라고 표현하기도 한다. 파동은 매질(媒質, medium), 즉 진동을 매개(전달)해주는 물질을 통해 전달된다. 소리의 경우 공기, 물결의 경우 물이 바로 매질이라고 볼 수 있다. 마루(crest)는 파동이 전달되는 상태에서 가장 높은 지점을 의미하며, 골은 가장 낮은 지점을 의미한다. 우리가 골짜기라고 하면, 산과 산 사이에 움푹 패어 들어간 낮은 곳을 말한다. 파고(波高, wave height)는 파의 골에서 마루까지의 높이이다. 즉, 꼭대기부터 바닥, 즉 파의 높낮이 전체를 의미한다. 한편 진폭(amplitude)은 평형점 0(진동의 중심)에서 마루나 골까지의 높이로 보통 파고의 절반이다. 우리가 일상생활에서 미디어(media)라고 부르는 것은 영어로 매질을 의미하는 medium의 복수형으로 뉴스 등이 전파를 타고 전달된다는 의미이다. 언론 매체라고 부르기도 한다.

한편 파장(波長, wavelength)은 마루와 마루 혹은 골과 골 사이의 거리이다. 사이클(cycle)이란 물체의 상태가 어떤 변화를 한 후, 다시 원래와 똑같은 상태로 되돌아가는 것을 의미하는데, 사이클이란 쉽게 말해서 똑같은 모양의 진동이 두 번, 세 번 계속해서 반복된다고 할 때, 진동이 일어난 처음부터 두 번째 똑같은 진동이 일어나기 전까지의 과정이다. 원이 회전한다고 했을 때 한 바퀴 돌면 한 사이클이 된다.

주기(週期, period)는 도는 기간으로 마루에서 다음 마루가 생길 때까지 1회 진동 시간을 뜻한다. 사이클이 행위의 관점에서 한 바퀴 도는 것을 표현한다면, 주기는 '시간'의 관점으로 한 사이클이 일어나는 데 걸리는 시간을 의미한다. 주파수(周波數, frequency)는 주기를 가지는 현상이 단위시간(1초) 동안 반복되는 횟수를 의미하는데, 진동수라고도 말한다. 주기와 주파수는 역수의 관계를 갖는다. 즉, 주기적으로 변화하는 것이 단위시간인 1초(s) 동안 파동 치는 횟수를 의미한다. 주파수의 단위는 [회/s]인데 이를 '헤르츠(Hertz)'라고 부르고 Hz라고 표시한다. 100Hz는 1초 동안 100회 반복되는 것을 의미한다. 앞에서 주파수는 진동이 1초 동안 반복되는 횟수라고 하였다. 그렇다면 주기는 얼마일까. 그 앞에서 주기는 한 사이클이 도는 시간이라고 정의하였다. 예를 들어 100Hz의 파동이 1회 진동하는 데에 걸리는 시간은 얼마일까? 어렵지 않게 주기는 1/100초임을 알 수 있다.

두 개 이상의 파열(wave train)이 한 위치에서 만나면 간섭을 일으켜 순간 진폭이 원래 파들의 순간 진폭의 합인 새로운 파를 만든다. 파의 모양을 열차의 객차에 비유하여 표현한 것이 흥미롭다. 강이나 바다의 유원지에서 모터보트가 지나가면 그 뒤에 물결이 생긴다. 두 개의 모터보트가 지나가면 두 보트가 내는 물결이 서로 간섭을 일으킨다. 보강 간섭(constructive interference)

이라고 함은 같은 위상(phase)을 가진 파들이 만나 진폭이 더 커지는 현상을 말하며, 상쇄 간섭(destructive interference)이라고 함은 위상이 서로 다른 파가 만나 파가 약해지거나 완전히 없어지는 것을 의미한다. 보강 간섭과 상쇄 간섭을 그림으로 그려 보았다.

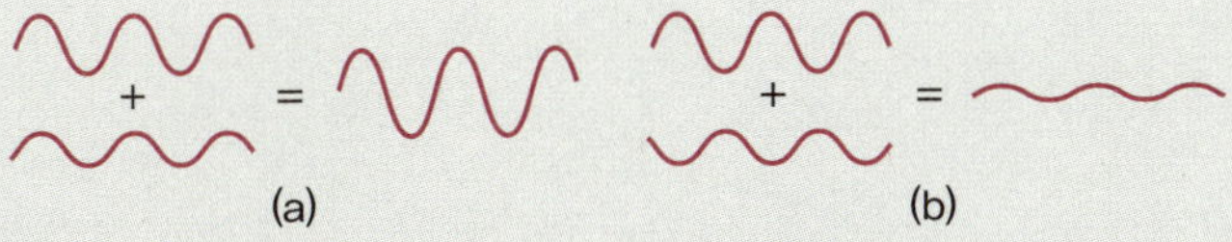

그림 1 (a) 보강 간섭. 위상 일치로 중첩되는 파는 강도가 세어진다.
(b) 상쇄 간섭. 위상이 서로 엇갈리면 중첩되는 파는 일부 혹은 전부가 상쇄된다.

우리말은 보강이니 상쇄니 어려운 한자 용어를 쓰고 있지만, 영어에서는 세우는(construct) 것과 파괴하는(destruct) 것으로 알기 쉽게 표현하고 있다. 원래 파들이 서로 다른 진동수를 가졌다면 파들의 간섭 현상의 결과는 보강간섭과 상쇄간섭이 서로 섞여서 일어나게 된다. 소음 제거 기술(noise cancellation technology)은 어느 지역에서 발생하는 소음의 정체를 음파의 파형으로 정밀 분석한 후, 소음의 음파와 상쇄 간섭이 일어나도록 인위적으로 음파를 발생시켜 결과적으로 우리가 느끼는 소음을 제거하거나 현저히 줄이는 기술이다.

빛이 간섭 현상을 보인다는 사실은 1801년 영(Thomas Young, 1773~1829)에 의해 처음으로 증명되었다. 그의 실험 과정과 결과를 요약하면 다음과 같다. 그림 2와 같이 단일 광원에서 나온 단색광을 한 쌍의 슬릿(slit)에 비춘다. 여기서 슬릿은 빛이 통과하는 구멍이라고 생각하면 된다. 즉 빛이 전혀 통과하지 못하는 판(예를 들어 철판) 두 장을 준비하여 서로 평행하게 놓고 단색광과는 수직하게 배치한다. 광원 바로 앞에 놓인 철판에는 미리 구멍 하나를, 두 번째 놓인 철판에는 미리 두 개의 구멍을 뚫어 놓는다. 두 슬릿 뒤에 스크린을 설치하고 화면을 관찰하면, 스크린에는 그림 2의 오른쪽에 보이듯이 균일한 밝기를 띠지 못하고 밝고 어두운 선이 번갈아 나타난다. 두 번째 슬릿의 서로 다른 구멍을 통과한 빛의 경로 차가 그 빛의 파장(λ)의 절반의 홀수 배($\lambda/2, 3\lambda/2, 5\lambda/2, \cdots$)가 되는 스크린 위의 지점에서는 상쇄간섭이 일어나 어두운 선이 생기게 된다. 경로 차가 파장의 정수 배($0, \lambda, 2\lambda, \cdots$)가 되는 지점에서는 보강간섭이 일어나 밝은 선이 생긴다. 중간 지점에서는 부분적인 간섭이 일어나기 때문에 스크린 위에 어둡고 밝은 선들 사이에서 빛의 세기가 점진적으로 변하는 무늬가 나타난다. 이를 빛의 회절(diffraction) 현상이라고 부른다. 우리가 아는 물체 혹은 입자는 이러한 현상을 일으키지 않는다. 만약 빛이 고전적인 입자들의 흐름으로 되어 있다면 두 개의 슬릿 뒤에 있는 스크린 전체가 어두울 것이다. 그러므로 Young의 실험 결과는 빛이 파동으로 이루어졌다는 증거이다. 간섭과 회절은 파동만이 갖는 독특한 성질이다.

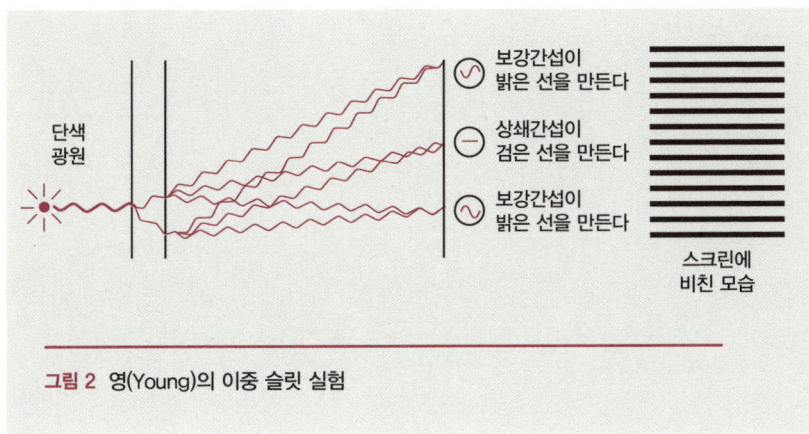

그림 2 영(Young)의 이중 슬릿 실험

과학자들은 빛이 파동이라는 사실을 그전에 알았다. 뉴턴(Issac Newton, 1642~1727)의 연구도 만유인력으로 대표되는 역학(mechanics) 분야보다 광학(optics) 분야에서 먼저 이루어졌다. 케임브리지대학에서의 최초의 강의도 광학에 관한 것이었다. 광학에 대해서는 이미 고향 시절부터 스스로 수집하고 정비한 실험기구를 이용해 빛의 분산 현상을 관찰하였으며, 특히 굴절률과 분산의 관계에 대하여 세밀히 연구하였다. 소년 시절부터 렌즈 연마에 관심이 많았던 뉴턴은 천체 망원경도 제작하였다. 볼록렌즈에서 굴절되는 광선은 스펙트럼을 만들지만, 오목거울에서 반사되는 광선은 그렇지 않다는 사실에 기초하여 망원경에서 반사 광선을 이용하는 게 효율 면에서 한층 뛰어나다는 사실을 알아내었다. 그는 이런 연구를 바탕으로 볼록렌즈 대신 오목거울을 사용하여 천체 망원경을 만들어 국왕에게 기증하였고, 국왕은 그를 왕립학회의 회원으로 추천하였다.

뉴턴은 무지개 스펙트럼의 단색을 '빨주노초파남보'라고 일곱(7) 가지로 처음으로 분류하여 이름을 붙였다. 이 점에 대해서는 무지개를 다룰 때 상세히 언급할 예정이다. 그는 '빛과 빛깔의 색 이론'이라는 제목의 논문에서 백색광이 일곱 가지 색의 복합이라는 사실과 단색이 존재한다는 사실을 논하였다. 그리고 그는 우리가 생리적으로 눈으로 느끼는 색과 실제 빛의 물리적인 색이 다를 수 있음을 언급하였고, 색과 굴절률과의 관련 등을 논하였다. 그는 박막의 간섭 현상인 '뉴턴의 원 무늬'를 발견하였으며, '광학'이란 책을 저술하였다. 빛의 성질에 관한 그의 연구는 광학의 발전에 크게 이바지하였다.

속력과 속도를 생각한다
—음속과 광속

오늘도 걷는다마는 정처 없는 이 발길
—백년설, <나그네 설움>(1940)

이 노래는 나이 든 사람의 귀에 익은 대표적인 대중가요다. 한 세기 전만 해도 우리 조상들은 발품을 팔아가며 장소를 이동해야 했다. 더운 여름에는 달이 밝으면 밤중에 걸어서 다녔다. 영남이나 호남 지역에서 서울까지 오려면 부지런히 와야 일주일은 족히 걸렸다.

아리랑 아리랑 아라리요

아리랑 고개로 넘어간다.

나를 버리고 가시는 임은

십 리도 못 가서 발병 난다.

이것은 서민들에게 구전되어 오다가 한 세기 전쯤에 가사가 채집되었다고 알려진 대표적인 경기 민요 〈아리랑〉이다. 대표적인 이동 수단이 도보였던 그 옛날에는 튼튼한 다리 즉 건각(健脚)은 개인의 대단한 자산이었다. 며칠에 걸쳐서 천 리 길을 가야 하는데 출발하고 얼마 되지 않아 도중에 발병이 나서 십 리밖에 못 가고 주저앉는다면 큰 낭패가 아닐 수 없다. 자동차나 전철에 익숙한 요즈음은 사람들이 운동 부족이어서 '만보기'란 소프트웨어를 휴대전화에 깔고 하루에 걸은 걸음 수를 재는 경우가 있다. 하루에 만 걸음을 걸었을 때, 보폭을 40cm(0.4m)라고 보면 0.4m x 10,000 = 4,000m = 4km가 되는데 옛날 기준으로 보아 십 리를 걸은 셈이다.

우리는 관습적으로 각종 이동 기록을 속력으로 표시하지 않고 지정된 거리를 얼마의 시간을 걸려 목적지에 도착했느냐로 표시한다. 발이 튼튼하여 하루에 8시간 동안 100리(40km)를 걸었다면, 걷는 속력을 대충 계산하면 40km x 1,000m/km / (8h x 3600s/h) = 1.4m/s로 대략 1초에 1.4m씩 발걸음을 옮긴 셈이다. 육상이나 수영에서 주어진 거리를 주파하는 데 걸리는 시간을 공인 기록이라고 이야기한다. 마라톤의 기록에서도 소요된 시간을 언급한다. 세계에서 가장 빠른 사나이로 자메이카의 우사인 볼트를 꼽는데 현재 100m 달리기 세계 공인기록은 그가 2009년에 세운 9초 58이다. 대략 10초라고 보면 그의 달리기 속력은 10m/s 정도인 셈이다. 박태환이 세운 400m 자유형 수영 기록은 3분 41초 53인데 대략 속력을 계산해 보면 1.8m/s이다. 42,195m를 뛰는 마라톤 경기에서 인간이 아직 2시간의 벽을 깨지는 못했는데, 대충 속력을 계산해 보면 5.8m/s 정도 된다. 옛날에는 부산에서 서울까지 가는데 며칠이 걸렸느냐로 따지고 요즘은 기차로 몇 시간, 자동차로 몇 시간, 비행기로 몇 시간이 소요됐느냐로 빠르기를 평가한다. 비행기로 우리나라에서 뉴욕까지 가는 데 몇 시간, 돌아오는 데 몇 시간이 걸린다고 이야기한다. 우리가 자동차를 몰고 시속 100km의 속력으로 고속도로를 질주하면 이때 평균 속력은 27.8m/s이다. 비행기를 타고 외국에 갈 때 비행기 속력이 시속 1,000km라면 대략 278m/s로 초당 278m를 미끄러지는 셈이다.

  이렇듯 일상생활에서는 일정 거리를 통과하는 데 소요된 시간에 관해 말들 하지만, 이를 단위시간에 이동한 거리, 즉 시속 혹은 초속으로 환산하여 비교하는 게 훨씬 합리적일 수 있다. 속력은 이동 거리를 소요 시간으로 나눈 값인데 이는 평균의 개념이 있는 수치이다. 수학적으로 속도는 아주 미소한 시간 동안에 이동한 거리의 비율을 말한다. 속도는 미분학의 개념이 들어간 조금은 과학적인 용어이다. 어떤 물체가 이동할 때 순간적인 속도는 수시로 변할 수 있지만, 전체 거리를 통과한 속력은 이동이 끝나야 알 수 있다.

'속력'은 영어로 'speed,' '속도'는 영어로 'velocity'일진대, 우리 일상생활에서는 '속력' 대신 '속도'란 말을 주로 쓰는 것 같다. 자동차를 운전하다 시내 곳곳에 주행 '속도'의 법정 상한선이 아주 낮게 책정되다 보니, 심심찮게 영어로는 'speed ticket'이라고 불리는 '속도' 위반 통지서가 집으로 날아온다. 도로 옆의 표지판에 '제한속도'라고 쓰여 있는 것 같은데 영어로는 'speed limit'이다. 제한속도가 조금 더 높은 고속도로나 차량 전용 도로에 진입하면 차량의 과속 판단에 '속도'와 '속력'의 개념 모두를 사용하고 있다는 생각이 든다. 일반적인 과속 단속 카메라는 그 지점을 통과하는 차량의 '속도'를 측정하지만, 구간 과속 단속 카메라는 수 km 구간에서의 '속력'을 측정하는 것 같다. 구간 단속 카메라는 그 구간의 '속력'뿐만 아니라 시작 지점과 종료 지점의 '속도'도 측정할 수 있으므로, 세 가지 중에서 하나만 초과해도 위반스티커를 발부할 수 있으니, 구간단속 카메라가 설치되어 있는 도로를 운전할 때 주의하여야 한다.

윤석중의 동요 〈퐁당퐁당〉에서는 소년이 던진 돌의 에너지가 물결에 전달되는 과정을 시적으로 묘사하고 있다. 돌은 일반적으로 물체(body)의 하나이다. 물체가 아주 작으면 입자(particle)라고 부른다. 우리 인간은 자신뿐만 아니라 물체(입자)의 위치 이동에 관심이 많다. 시간에 따른 물체의 위치 변화량이 속도 혹은 속력이다. 물결과 같은 파동에서 이 개념은 어떻게 되나 살펴보기로 한다.

앞의 〈퐁당퐁당, 돌과 물결〉에서 파 하나의 길이를 파장이라고 하였다. 또 1초에 진동하는 파동의 개수를 주파수라고 했다. 파동이 전파되는 속도는 파장 곱하기 주파수가 될 것이다. 즉 파장을 λ[람다], 주파수를 υ[누]라고 표시하면, 파동이 전파되는 속도는 $v = \lambda\upsilon$가 된다. 단위로 보면 파장은 m, 주파수는 /s이므로 속도는 m/s가 된다. 이렇게 하여 파동이 움직이는 속도를 물체(입자)가 움직이는 속도와 같이 정의할 수 있다. 입자든 파동이든 속도 혹은 속력이라고 함은 단위시간에 이동하는 거리를 말한다. 주파수와 파장은 반비례 관계로서 전달 속력이 일정할 때 파장이 증가한다는 것은 주파수가 감소한다는 의미가 된다. 파장이 길다(장파)는 의미는 주파수가 낮다는 뜻이며, 파장이 짧다(단파)는 것은 주파수가 높다는 뜻이다.

　인간의 지능은 눈에 보이는 것에서 눈에 보이지 않는 것으로 확대함으로써 발전하게 된다. 파동에 관한 연구도 결국 눈에 보이는 것에서 시작되었다. 눈에 가장 쉽게 볼 수 있는 파동이 바로 물결파이다. 물속에 돌을 던지면 파동이 일게 된다. 이로부터 우리는 파동의 파장과 주파수를 정의하고 파동의 전달 속도를 표시할 수 있다. 파동을 더욱 연구해 보면 종파와 횡파로 나눌 수 있다. 매질의 진동 방향과 파동의 진행 방향이 수직이면 횡파(transverse wave)라고 하고, 두 방향이 같으면 종파(longitudinal wave)라고 부른다. 우리가 흔히 일반적으로 생각하는 파동 형태의 그래프는 횡파이다. 엄밀히 말해서 물결파는 종파와 횡파의 성질을 모두 가지고 있지만, 이해를 위해 횡파라고 상정한다. 일반적으로 공기 중에서 소리를 전달하는 음파는 종파이다. 그러나 음파도 응집체(condensed matter)를 통과할 때는 종파와 횡파의 성질을 모두 가지고 있다. 지진파는 보통 P파(Primary wave)와 S파(Secondary wave)로 나누어지는데, 전자는 전파속도가 5~8km/s인 종파이며, 후자는 전파속도가 3~4km/s인 횡파이다.

　우리가 빠르다고 인식하고 있는 속력으로 음속과 광속

이 있다. 음속은 소리의 전달 속력으로 상온의 공기 중에서 340m/s이고 광속은 빛의 전파속도로 3x(10의 8승) m/s이다. 각각을 시속으로 나타내면 음속은 1,224km/h이고 광속은 1,080,000,000km/h로써 둘은 비교할 수 없는 차이를 보인다. 이 둘의 차이는 비 오는 날에 보게 되는 벼락과 천둥의 소리로 실감할 수 있다. 갑자기 벼락 치는 불빛이 보이고 나서 한참 뒤에야 우리는 귀로 천둥소리를 듣게 된다. 만약에 자기 귀로 천둥소리를 들었다면 그 원인이 되는 벼락을 자신은 피했다고 볼 수 있다.

KTX나 SRT를 타면서 느끼는 고속철도의 최고 속력은 대략 300km/h이고 비행기의 비행 속력은 대략 1,000km/h이다. 안전장치만 충분하다면 이 정도의 속력을 우리 몸이 충분히 감당하면서 공간 이동을 할 수 있다. 음속을 돌파하여 더 빠르게 공간을 이동하려는 인류의 노력이 있었다. 음속과 같은 속력을 우리는 마하 1이라고 부른다. 마하 10은 음속보다 열 배 빠른 속력을 의미한다. 이 분야에서 선구적인 연구를 경주한 오스트리아의 과학자 마하(Ernst Mach, 1838~1916)의 이름을 따서 부르고 있다. 우주선이 중력에 대항하여 내는 로켓의 속력이 이 정도이고 초음속여객기인 콩코드가 실제로 제작되고 운항(運航)되었던 것을 생각하면, 우리 몸이 이 정도의 속도는 충분히 견디면서 공간을 이동할 수 있다. 인류가 만든 비행체의 연료 혹은 엔진 성능의 한계를 우리는 알고 있다. 그래서 달이나 가까운 행성인 화성에 우주선으로 가는데 수개월 혹은 수년이 걸린다.

  태양에서 출발한 빛이 지구에 도달하는 데 약 8분이 걸린다고 한다. 빛이 1년에 걸쳐 온 거리를 우리는 광년(光年)이라고 표현하는데 약 10조 km 정도 된다. 어찌 보면 광년이란 시간의 단위 같지만 실은 거리의 단위이다. 우리가 우주의 다른 지역으로 가기 위해서는 지금의 연료나 비행체를 사용해서는 불가능하다. 방송이나 영화에서 순간이동이라는 이름으로 몸을 돌린다든지 팔짝 뛰는 동작으로 화면에서 사라지는 효과를 연출하고 있다. 과학적 픽션(Sci-Fi) 영화에서는 웜홀(worm hole)이라는 이름의 통로를 통해서 순간이동이 가능하다고 묘사하고 있다. 우리 신체가 이런 순간이동에 온전히 보존되리라고 생각하기는 어렵다.

빛은 입자로 되어 있다
—광자와 전자

    우리들의 일상생활에서는 입자(물체)와 파동의 개념에 혼란을 일으킬 만큼 이상한 일은 일어나지 않는다. 우리가 감각으로 느끼는 물리적 현상을 그대로 반영하는 고전물리학은 입자와 파동을 서로 다른 실체로 다루어 왔다. 19세기 말에 과학자들은 빛과 전기를 둘러싼 현상, 즉 광전효과를 기존의 물리학적인 시각으로 설명하기에 무언가 부족하다는 것을 느끼게 되었다. 헤르츠(Heinrich Hertz, 1857~1894)는 전자기파 발생 실험 도중에 전자파 발생기의 한쪽 금속 공에 자외선을 쪼여주면 전자기파 발생이 훨씬 잘 일어난다는 것을 발견하였다. 이 발견에 대해서 다른 사람들이 계속 연구한 결과, 쪼여주는 빛의 주파수가 충분히 크면 전자가 방출되는 현상과 관련이 있다는 것을 알게 되었다. 이 현상을 광전효과(photoelectron effect)라고 하며, 이때 방출되는 전자를 광전자(photoelectron)라고 한다. 다음과 같은 실험 장치를 통하여 광전효과를 관찰할 수 있다. 아래의 설명은 오늘날의 과학 지식으로 현상을 해석한 것이다.

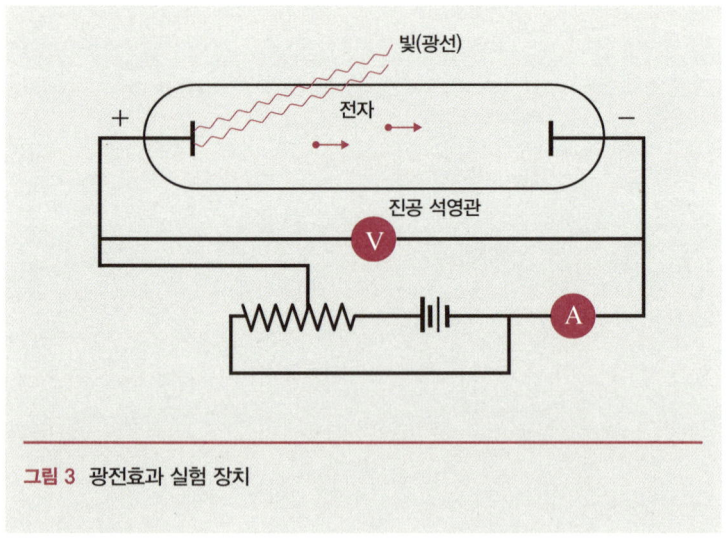

그림 3 광전효과 실험 장치

위 그림에서 진공으로 만든 석영관 안에는 두 개의 전극이 있다. 왼쪽 전극이 양(+), 오른쪽 전극이 음(-)이 되도록 직류인 전지(배터리)가 연결되어 있고 가변저항을 조절하여 두 전극 사이의 전압에 변화를 줄 수 있고, 전압계(V)를 달아 전압을 측정한다. 금속으로 된 양(+) 극판 위에 빛을 쪼여주면 빛을 받아서 나온 광전자 중 일부는 충분한 에너지를 가져서 음극 금속판이 음(−)으로 대전(帶電)되어 있음에도 불구하고 척력을 이기고 음극판에 도달하게 된다. 이로 인해 전체 회로에 전류가 흐르고 있음을 전류계(A)로 측정할 수 있다. 가변저항을 작게 하면 두 전극 사이의 전압이 크게 걸리게 된다. 이 경우의 전자는 거센 물결을 헤엄쳐 오르는 연어와 같은 처지가 된다. 빛으로부터 에너지를 공급받은 전자들이 역방향의 큰 전기장을 이기지 못하면 음극에 도달하지 못하게 된다. 수 볼트 정도인 어떤 특정 전압까지 전압을 높이면, 음극에 도달하는 전자는 하나도 없고 전류는 0이 된다. 이 임계전압을 소멸전압이라고 부른다. 소멸전압은 광전자의 최대 운동에너지와 대응된다. 빛은 에너지를 갖고 있으며, 금속에 흡수된 에너지는 각개의 전자에 모이게 되고 전자의 운동에너지로 다시 나타난다는 것이 고전물리학의 해석이었다. 그러나 다음 세 가지 실험 결과는 고전물리학으로 쉽게 설명이 되지 않는다. 첫째, 빛이 금속에 도달하자마자 광전자가 방출된다. 둘째 같은 진동수에서 밝은 빛은 어두운 빛보다 더 많은 광전자를 방출하기는 하나, 전자의 에너지는 모두 같다. 셋째 빛의 주파수가 높을수록 광전자는 더 큰 에너지를 갖는다.

아인슈타인(Albert Einstein, 1879~1955)은 1905년에 이 광전효과의 문제를 새롭게 설명하는 이론을 발표하였다. 그는 빛 에너지가 전 파면(波面)에 퍼져 있지 않고 작은 입자(광자)에 집중되어 있다면 광전효과를 제대로 이해할 수 있을 것으로 생각하였다. 그는 주파수 ν(누)인 빛의 광자는 플랑크(Max Planck, 1858~1947)의 양자에너지($E = h\nu$, 이 이퀄 하누)와 같은 에너지를 갖는다고 보았다. 여기서 h는 플랑크 상수로서 6.626×10^{-34} J·s로서 통상적으로 독일말로 '하'라고 읽는다. 아인슈타인은 아주 과감하게 고전물리학의 기존 이론을 파괴하였다. 독립된 양자 형태로 에너지가 빛에 전달될 뿐만 아니라, 빛 자신도 독립된 양자로 에너지를 실어나른다고 생각하였다. 앞의 세 가지 실험 결과는 아인슈타인의 가설로 쉽게 설명된다. (1) 빛 에너지가 퍼져 있지 않고 광자에 집중되어 있으므로 금속의 양극에 있는 전자가 광자에 맞자마자 당구공처럼 튀어나와서 광전자 방출이 지연될 이유가 없다. (2) 주파수가 같은 광자는 같은 에너지를 가지므로 빛의 세기를 증가시키면 광전자의 수는 증가하지만, 그 에너지는 증가하지 않는다. (3) 빛의 주파수가 클수록 광자의 에너지는 커지고 따라서 광전자의 운동에너지도 커진다.

빛이 일련의 작은 에너지 덩어리인 광자(光子, photon)라는 입자로 전파된다는 관점은 빛에 관한 기존의 파동론에 위배(違背)된다. 입자론과 파동론, 이 두 관점 모두 실험적으로 지지를 받고 있다. 파동론은 입자론으로 설명할 수 없는 빛의 간섭과 회절 현상을 설명한다. 파동론에 의하면 빛은 파동 형태의 에너지를 연속적으로 퍼뜨리면서 파원으로부터 나온다. 입자론은 파동설로는 설명할 수 없는 광전효과를 설명한다. 입자론에 의하면 빛은 각각 독립된 광자들로 이루어져 있고, 광자 하나의 에너지는 단일 전자에 의해서 흡수될 정도로 작다. 빛의 입자론적 묘사에도 불구하고, 광자의 에너지를 기술하기 위하여 양자 이론에서는 여전히 주파수의 개념을 사용하고 있다. 이 점이 빛이 입자로도 설명되고 파동으로도 설명되는 개념의 징검다리 역할을 한다고 볼 수 있다.

여기서 빛 알갱이를 영어로 'photon,' 우리말로 광자라고 표현했다. 물리학에서 아주 작은 입자를 표현할 때 어미에 −on을 붙인다. 우리말에는 '−자(子)' 자(字)를 붙인다. 예를 들어, 음(−)의 전기를 띠는 최소 단위 입자를 electron, 우리말로 전자(電子)라고 부른다. 수소는 전자 하나를 갖고 있는데 양(+)의 전기를 띠는 수소의 원자핵을 proton, 우리말로 양성자(陽性子)라고 부른다. 전자와 질량과 전하의 양(量)이 같고 양(+)의 전하를 띠고 있는 미립자를 positron, 우리말로 양전자(陽電子)라고 부른다.

양성자와 양전자는 전하량은 +1.6 x (10의 −19승) 쿨롱으로 같지만, 질량은 약 1,800배 차이가 난다. 물론 크기도 엄청나게 차이가 날 터이다. 그밖에 neutron, 우리말로 중성자(中性子)가 있다. 그밖에 phonon이라고 있는데, 미시세계에서는 입자는 파동성, 파동은 입자성을 보이니까, 고체를 통과하는 음파도 입자가 전달되는 것이다라고 생각해도 무방하다는 생각에 이르러서 그 입자 같은 존재를 우리는 phonon이라고 부른다. 우리말로는 음자(音子)라고 번역하기도 하지만, 그냥 포논이라고 부른다. 한편 대조되는 명명법으로 영어로는 harmonic oscillator를 우리말로는 조화진동자(調和振動子)라고 부른다. 조화운동이란 어떤 계가 평형상태를 중심으로 진동할 때 생기는 운동이다. 그 계는 용수철에 매달려 있는 물체이거나 액체 위에 떠 있는 물체일 수도 있고, 이원자 분자일 수도 있고, 결정격자(結晶格子) 안에 있는 원자일 수도 있으나, 물리적인 현상이나 수학적인 처리 과정은 서로 같은데 이를 조화진동자라고 한다.

우리는 빛의 파동론과 입자론 중에서 어떤 것을 믿어야 하는가? 어떤 이론이 새로운 실험 결과와 맞지 않음이 발견될 때마다 기존의 과학적 아이디어가 수정되거나 버려졌다. 이것이 바로 쿤(Thomas S. Kuhn, 1922~1996)이 설파한 패러다임 이론일 것이다. 빛의 본질을 논의할 때 처음으로 하나의 자연현상을 설명하기 위해 두 개의 다른 이론이 필요한 경우가 생겼다. 이 경우는 하나의 이론이 다른 이론의 근사가 되는 아인슈타인의 상대성이론과 뉴턴 역학 사이의 관계와는 확연히 다르다. 양자역학 이론에서도 양자수가 커지는 극한에서 양자물리학이 고전물리학과 같은 결과를 보여준다는 대응원리(correspondence principle)라는 명제가 있다. 빛의 파동론과 양자론 사이의 연결은 완전히 다른 그 무엇이다.

결론적으로 말하면 빛은 파동처럼 전파되고, 일련의 입자처럼 에너지를 흡수하거나 내어놓는다. 빛은 이중의 특성 즉 양면성(duality)을 갖는다고 말할 수 있다. 빛의 본질을 설명하는 파동론과 입자론은 서로 보완적(complementary)이다. 각각의 이론만으로는 완전하지 않아서 특정 효과만 설명할 수 있을 뿐이다. 빛이 파동과 입자의 흐름일 수 있다는 표현을 이해하지 못하는 사람들이 당대에는 많이 있었다. 그 당시 완고한 과학자들이 다 죽은 다음에야 결국 새로운 패러다임으로 빛의 양면성 이론이 확립되었다. 일상 경험으로는 가시화할 수는 없지만, 빛의 진정한 본질은 파동과 입자적 특성 모두를 포함한다.

광전효과의 역과정, 즉 움직이는 전자가 갖는 운동에너지의 전부 혹은 일부가 광자로 바뀔 수 있을까? 공교롭게도 이러한 역 광전효과는 실제로 발생할 뿐 아니라 플랑크와 아인슈타인의 업적이 있기 전에 이미 발견되었다. 1895년 독일의 뢴트겐(Wilhelm Roentgen, 1845~1923)은 빠르게 움직이는 전자를 금속판에 충돌시킬 때 투과력이 강한 복사선이 방출됨을 발견하였다. 당시에는 그 정체를 제대로 알 수 없어서 그는 이 복사선을 X선(X-ray)이라고 명명하였다. 발견된 지 얼마 되지 않아 X선이 빛과 같은 성질을 갖고 있다는 것이 명백히 밝혀졌다.

대응원리는 영어로 correspondence principle을 번역한 것이다. 여기서 correspondence라는 말을 분석해 보고자 한다. 여기서 근간이 되는 말은 respond이고 이 말의 명사형 response는 '반응, 대답'이라는 뜻이다. 그러니까 correspondence는 '서로 반응하기', '서로 대답하기' 정도의 의미일 것이다. 이 말의 형용사형으로 correspondent가 있는데 명사형으로 쓰이면 방송국이나 신문사에서는 '특파원(特派員)'이라고 번역한다. 특파원이 무엇인가? 신문사, 잡지사, 방송국에서 타지인 외국에 특별히 파견된 직원으로 뉴스 보도에 종사하는 기자를 의미한다. 요즘에는 교통과 통신이 발달하여 임무를 부여받고 현지에 도착하기도 쉽고, 뉴스를 전달하기도 편리해졌지만, 옛날에는 현지에 가는 데도 배를 타고 가면 며칠 혹은 몇 달이 걸렸다. 본사와의 통신도 전신을 써야 했고, 전화가 가능해도 통화품질이 안 좋고 비용이 많이 들었다. 그래서 본사와의 통신은 미리 약속된 시간에 약속한 방법으로 실시했다. 그 과정에서 본사와 특파원 간에 서로 반응이 잘 이루어져야 임무를 제대로 수행할 수 있었다. 그래서 영어로 correspondent라고 했고 요즘도 그렇게 부른다. 아마도 특파원 제도가 생긴 초기에는 현지에서 특파원이라고 사칭하고 대응하는 일도 있지 않았을까 생각된다. 군대의 암구호처럼 양쪽의 응대 방법이 서로 일치하여야 서로를 믿지 않았을까 생각된다. 특파원을 보내려면 그 사람에게 드는 비용이 상당하였다. 요즈음은 특파원의 존재가 중요하지 않게 시스템이 많이 바뀌었고, 통신원이라는 이름으로 현지 사람을 알바 혹은 프리랜서로 써서 활용하는 것 같다.

 옛날에는 기자뿐만 아니라 뉴스를 보내는 아나운서도 특파원으로 보낸 시절이 있었다. '미국의 소리(Voice of America)' 방송국에 KBS 소속 아나운서를 한 명 파견하여 매일 장파 방송으로 현지에서 우리말로 전세계의 뉴스를 보내면 이를 녹음해 두었다가 AM 라디오 방송에서 다시 내보냈다. 장파 방송은 이용하는 전파의 파장이 길어서 붙여진 이름으로 지구의 대기권에서 반사되어 미국에서 공중으로 쏜 장파 방송을 우리나라에서 잡음이 있기는 해도 수신할 수 있었다. 지금은 여러 가지 통신 수단이 발달함에 따라 '미국의 소리' 방송의 뉴스를 릴레이해서 녹음으로 틀어줄 필요가 없어졌다.

빛이란 무엇인가?
—빛과 그리고 그림자

> 사랑은 나의 행복, 사랑은 나의 불행.
> 사랑하는 내 마음은 빛과 그리고 그림자.
> 그대 눈동자 태양처럼 빛날 때
> 나는 그대의 어두운 그림자.
> 사랑은 나의 천국, 사랑은 나의 지옥.
> 사랑하는 내 마음은 빛과 그리고 그림자. (하략)
> 길옥윤, <빛과 그림자>(1967)

이 노래는 한국 대중음악의 선구자 중 한 사람인 길옥윤이 작사, 작곡하고 패티김이 부른 〈빛과 그림자〉의 일절이다. 사랑은

나의 행복(천국)이자 불행(지옥)이고, 빛일 수도 있고 그림자일 수도 있다는 역설적인 표현이다. 최희준이 부른 같은 노래는 "그대는 나의 천국 그대는 나의 지옥, 사랑하는 내 마음은 빛과 그리고 그림자"라고 했다. 천국(행복)과 지옥(불행)의 상반된 세계를 빛과 그림자로 비유한 형이상학적 내용이다.

빛이 있으면 빛을 받는 물체의 반대편에는 반드시 그림자 혹은 그늘이 생긴다. 빛은 한자로 '光,' 영어로 'light'요, 그림자는 한자로 '影,' 영어로 'shadow'라고 한다. 그림자는 빛이 직진하기 때문에 생기는 현상이다. 빛이 공기 중에서 곧게 뻗어 나가다가 물체를 만나면 빛의 일부 또는 전부가 막혀 물체의 뒤쪽에 그림자가 생긴다. 물체의 종류에 따라 선명한 그림자가 생기기도 하고 희미한 그림자가 생기기도 한다. 투명한 물체는 빛을 거의 모두 통과시켜서 그림자의 윤곽이 선명하지 않고 그림자의 색깔이 연하지만, 불투명한 물체는 빛을 거의 통과시키지 못해 그림자가 선명하고 진하다. 이 지구상에서는 종일 계속하여 움직이는 태양의 위치에 따라 그림자의 방향과 크기가 달라진다. 그림자는 아침에 서쪽으로 길게, 점심때는 북쪽으로 아주 짧게, 오후에는 동쪽으로 길어진다.

빛이 직진한다는 생각은 우리 인류의 오랜 관찰의 소산이다. 깜깜한 밤에 바다를 항해하는 배에 위치 정보를 주는 등대의 빛이나 구름 사이로 나오는 햇빛이나 공연무대 위에서 벌이는 불이나 레이저 쇼 등에서 빛이 곧게 나아감을 관찰할 수 있다. 이러한 빛이 직진하는 성질 때문에 물체와 내 눈 사이에 불투명한 물체가 있으면 불투명한 물체의 뒤쪽은 보이지 않는다. 이렇게 직진하는 빛이 중력의 영향으로 휘어질 수 있다는 생각을 아인슈타인(1879~1955)이 일반상대성이론에서 주장했는데. 1919년에 개기일식이 일어날 때 다른 천체의 별에서 온 빛이 태양 주위에서 아주 미세하지만 휘어짐이 관찰되어 그의 이론의 정당성을 증명하였다.

사진은 가을철 저녁녘에 국화의 일종인 메리골드를 촬영한 것이다. 그림자가 드리워져 있음을 볼 수 있다. 그림자가 있는 지역과 없는 지역의 노란색 꽃의 색깔이 조금 다르게 나온다. 그림자에 가려져 있는 지역의 꽃 색깔이 더 주황색에 가깝고 햇빛이 비취는 지역의 꽃은 노란색에 더 가깝다. 현장에서 맨눈으로 봐도 두 지역의 꽃 색깔이 조금 다르게 느껴진다.

낮처럼 태양이 떠 있으면 우리는 광명(光明)이라고 하고, 밤처럼 태양이 비추지 않게 되면 어두움 혹은 암흑(暗黑)이라고 한다. 밤에 달빛이나 별빛이 있으므로 완전한 암흑은 아니지만, 모든 빛을 차단한 암실에서는 정말 감감하다. 태양으로부터 오는 찬란한 빛을 일광(日光), 달로부터 오는 은은한 빛을 월광(月光), 별로부터 오는 반짝이는 빛을 성광(星光)이라 한다, 반딧불이 발하는 빛을 형광(螢光), 사진기 플래시처럼 순간적으로 빛나는 빛을 섬광(閃光), 번개와 같이 빠르면서 부싯돌에서 나오는 빛처럼 순간적으로 번쩍이면 전광석화(電光石火) 같다고 표현한다. 요즘에는 전기를 사용하여 빛을 내는 장치로 전광판(電光板)이라는 말이 통용되고 있다.

> 빛이 어두움에 비취되 어두움이 깨닫지 못하더라(The light shines in the darkness, but the darkness has not understood it).
> —<요한복음> 1:5

우리는 빛이 비취면 당연히 밤이라도 물건을 볼 수 있다고 여기고 있다. 낮에는 태양으로부터 빛이 비취고 있어서 우리가 사물을 보고 활동하는 데 지장이 없고 당연한 것으로 치부하고 있다.

빛이란 무엇인가? 앞 절에서 논의한 대로 빛은 공간을 전파할 때는 파동처럼 행동하고, 에너지를 흡수하거나 내어놓을 때는 입자처럼 행동한다. 빛이 에너지를 전달한다는 사고는 20세기에 인간이 발견한 자연현상 중에 가장 뛰어난 것이다. 이렇게 에너지가 발산하는 현상을 복사 혹은 라디에이션(radiation)이라고 부른다. 빛은 3x(10의 8승) m/s의 속력으로 공간에서 전파(傳播)된다. 어릴 때 빛은 지구를 1초 동안에 일곱 바퀴 반을 돌 수 있다고 배웠는데, 빛은 직진하므로 잘못된 표현이라고 나중에 들은 기억이 있다. 파동의 파장을 λ[람다], 주파수를 υ[누]라고 표시하면, 파동이 전파되는 속도는 $v = \lambda\upsilon$가 된다. 맥스웰(1831~1879)

의 업적에 의하면 광속(c)은 빛이 통과하는 매질 어디서나 일정하다. 즉 $c = \lambda v$. 광속은 항상 일정하다고 했으니까 빛의 주파수와 파장은 반비례한다.

한편 빛이 전달하는 에너지(E)는 빛의 주파수(v)에 비례하는데, 그 비례상수를 플랑크 상수(h)라고 부른다. 즉 $E=hv$. 여기서 플랑크 상수 $h = 6.626 \times 10^{-34}$ J·s. 즉 빛은 주파수에 따라 고유한 에너지값을 가지고 있다. 위 두 식을 결합하면 $E=hc/\lambda$가 되는데, 플랑크 상수(h)와 광속(c)은 상수이므로 $hc=2 \times 10^{-25}$ J·m여서 $E=2 \times 10^{-25}/\lambda$ J이 된다. 에너지의 단위를 eV로 표시하면 $E=1.25 \times 10^{-6}/\lambda$ eV이다.

어떤 물리적인 양을 주파수, 에너지, 파장의 크기 순서로 늘어놓은 것을 스펙트럼(spectrum)이라고 한다. 빛의 스펙트럼을 일목요연(一目瞭然)하게 잘 보여주는 것이 프리즘이다. 프리즘(prism)은 유리와 같은 투명한 투과성 물질을 정밀한 각도와 평면으로 절단하여 만든 투영체이다. 프리즘은 대부분 삼각기둥 모양을 하고 있다. 프리즘으로 빛을 투과하여 흰 종이 등에 비추면 파장이 짧은 쪽부터 보라, 남색, 파랑, 초록, 노랑, 주황, 빨강의 차례로 배열되어 우리 눈에는 무지개색으로 보인다. 우리는 빛의 성질을 논의할 때 굴절률의 개념을 쓴다. 빛이 프리즘을 통과할 때 에너지(주파수)에 따라서 굴절률이 다르다. 단파장인 보라색이 제일 크게 굴절하며 장파장인 빨간색이 제일 적게 굴절한다. 프리즘을 통과한 빛이 여러 가지 주파수를 가진 파동 혹은 서로 다른 에너지를 가진 입자로 이루어져 있음을 알 수 있다. 그 빛을 구성하고 있는 각각의 파동들을 우리는 단색광(monochromatic light)이라고 부른다. 여러 개의 단색광이 모여 있는 빛을 백색광이라고 부른다. 백색광을 이루고 있는 각각의 단색광들의 속도는 일정하므로 주파수가 다른 단색광들은 프리즘을 통과하면 다른 각도로 굴절된다.

굴절률에 따라 빛의 경로가 바뀌기 때문에 프리즘을 가지고 백색광으로 무지개를 만들거나 무지개를 백색광으로 합치는 일이 가능하다. '분산 프리즘'을 사용하면 파장(주파수)에 따른 빛의 굴절률 차이를 통해 빛을 파장대에 따라서 여러 광선으로 분리할 수가 있다. 햇빛이나 백열등에서 나오는 백색광을 프리즘에 넣었을 때 무지개처럼 빛(가시광선)이 여러 가지 색으로 나뉘게 된다. 이렇게 빛(백색광)이 여러 가지 단색광의 파동 혹은 입자로 이루어져 있다는 의미에서 선(線), 영어로 ray라고 부른다. 광선(光線), 적외선(赤外線), 자외선(紫外線), X-ray라는 말에서 그 예를 들 수 있다.

이렇게 희다고 느껴지는 빛이 오색찬란(五色燦爛)하게 여러 가지 무지개 색깔의 빛으로 나뉘지는 현상을 분광(分光)이라고 부른다. 빛 넓게는 전자기파의 주파수(파장, 에너지) 의존성을 연구하는 학문을 전통적으로 분광학(spectrometry)이라고 하고, 이때 사용되는 기구를 분광기(spectrometer)라고 부른다. 가시광선의 파장 영역은 380~750nm이다. 1nm는 (10의 -9승)m로서 1m의 10억분의 1이다. 어떤 경우는 μm(마이크로미터)를 단위로 써서 가시광선의 파장 영역을 0.38~0.75μm라고 나타내기도 한다. 빨간색일수록 파장이 길고(750nm), 보라색일수록 파장이 짧다(380nm). 위의 식들을 활용하면 가시광선의 주파수 영역은 (10의 15승) Hz이고 에너지로 보면 수 eV의 영역이다. 한편 가시광선 스펙트럼 영역은 전체 전자기파 스펙트럼의 극히 일부분일 뿐이다.

　가시광선 밖의 복사선에 대해서도 우리는 정보를 갖고 있고 생활에 많이 활용하고 있다. 빨간색보다 긴 파장의 빛을 빨강(赤) 바깥(外)쪽의 빛이라는 뜻으로 적외선(赤外線)이라고 하며, 보라색보다 짧은 파장의 빛을 보라(紫) 바깥(外)쪽의 빛이라는 뜻의 자외선(紫外線)이라고 부른다. 물론 이들은 가시광선 영역을 벗어나는 주파수를 지니므로 우리 눈으로 볼 수 없다. 야간에 활동하는 동물들은 적외선을 감지할 수 있는 것 같다. 우리 인간은 적외선 카메라로 영상을 만들어 볼 뿐이다. 일부 벌레는 자외선을 감지한다. 자외선 영역의 빛은 인간의 눈에 있는 각막에서 차단되어 직접적으로는 볼 수 없으나, 각막을 제거하면 자외선이 청백색으로 보이는데 이는 자외선 영역의 빛에 인간이 가지고 있는 3가지 원추세포가 거의 같은 감도로 반응하기 때문이라고 분석된다.

  우리 인간은 빛을 인지할 수 있는 눈을 가지고 있다. 보통 시각, 청각, 미각, 후각, 촉각을 인간의 오감이라고 한다. 시각장애인의 불편을 알기에 우리는 시각의 중요성을 잘 인지하고 있다. 우리 눈은 빛을 이용하여 사물의 윤곽과 원근을 파악하고 있고, 눈의 사물에 대한 해상도도 좋은 편이다. 눈으로 주위 사람의 얼굴을 기억하고 누구인지 알 수가 있다. 눈으로 획득한 정보를 스캔하여 뇌에 저장했다가 필요할 때 꺼내서 새로운 정보와 비교할 수 있다는 얘기다. 거기에 우리 눈은 색감도 갖고 있어서 사물의 인지 능력을 훨씬 높이고 있다. 우리는 어릴 때 학습을 통하여 색감(시각) 인지 능력을 획득한다. 영유아 시절에는 흑백으로 세상을 인식하나 성장하면서 색감을 익힌다고 알려져 있다.

  태양의 빛을 대신할 수 있는 빛을 우리 인류가 획득하고 나서 우리 인류의 문명은 비약적으로 발전하였다. 과학의 발전에 따라 빛이 에너지의 전달 방법이라는 것을 알고, 횃불, 등잔불, 촛불, 백열전등, 형광등, LED 등으로 조명의 수단이 변천되었다. 그렇게 되면서 우리의 언어생활도 크게 달라졌다. 그 일례로 요즘 일반인에게도 잘 알려진 범죄심리학 용어로 가스등 효과(gas lighting effect)라고 있다. 이 말의 유래는 1938년 처음 연출된 연극 '가스등(Gaslight)'이다. 내용을 요약하면, 주인공 남성이 자기 아내를 교묘하게 심리적으로 억압하는 이야기다. 주인공은 윗집의 부인을 살해하고 보석을 훔치려고 한다. 보석을 찾기 위해서는 밤에 불을 켜야 했는데, 그 건물은 가스등을 쓰기 때문에 불을 켜면 가스를 나눠 쓰는 다른 집 등이 어두워지거나 깜빡여서 들킬 위험이 있었다. 이에 남성은 자기 부인이 의심하지 못하도록 하기 위해 준비작업으로 집안의 물건을 숨기고 그녀가 물건을 잃어버렸다고 몰아가며 타박한다. 남성이 위층에서 불을 켜고 집안을 뒤질 때마다 여성이 있는 아래층은 등불이 어두워지고 인기척이 났는데, 그럴 때마다 남성은 그것도 아내가 과민하게 반응하기 때문이라고 몰아간다. 처음엔 반신반의하던 여성도 이것이 지속되자 점점 무기력과 공허에 빠지게 되어서 남편만을 의지하게 된다. 결국은 경찰의 등장으로 남성의 범죄가 발각된다. 여기서 남성이 아내의 판단력을 비정상적이라고 몰아가고, 이에 여성이 수긍하는 행태를 본떠서 가스라이팅이라는 용어가 만들어졌다. 이는 일종의 유행어로 자기의 판단력을 의심하도록 만들어서, 판단을 다른 사람에게 의존하도록 만드는 행위를 의미하는 말이 되었다.

과학의 발달로 빛을 임의로 만들고 조절할 수 있는 레이저, LED 등이 발명되었다. 일반인들이 어렵게 느껴질 수 있는 내용이나 본 글에서는 뒤에 그 원리에 대해서 다뤄볼 예정이다. 이러한 기술로 빛을 이용하여 여러 가지 문명의 이기가 발명되었다. 전기라는 에너지를 변환하면 빛이 나온다는 개념을 구현하여 미소한 LED(light emitting diode) 소자가 발명됨으로서 다양한 영상 디스플레이 기기가 개발되었다.

Dream Spectrum

2장

색이란 무엇인가?

빛의 삼원색, 색의 삼원색
―빛에 대한 물체의 반응이 색이다

 색 또는 색깔은 무엇인가? 우리의 눈에는 가시광선을 감지하여 느낄 수 있는 센서가 있다. 빛이 눈으로 들어오면 볼록렌즈 역할을 하는 수정체를 거쳐 망막을 자극한다. 감광 세포는 간상세포와 추상세포로 되어있는데 그중에서 간상세포가 시각의 큰 일을 맡고 있다. 각 안구(眼球)에 수억 개의 간상세포가 존재하여 빛과 어둠을 구별한다. 간상세포는 빛의 밝기에 민감하지만 색을 잘 구분하지 못한다. 우리 눈이 색상을 인지할 수 있는 기능은 망막에 있는 원추 모양의 추상세포가 맡고 있다. 추상세포는 간상세포보다 많지 않아서 수정체마다 약 600만 개가 존재한다고 알려져 있다. 보통 사람들은 세 가지 다른 추상세포를 지니고 있는데 각각 580, 530, 440nm(나노미터)인 적(赤, red, R), 녹(綠, green, G), 청(靑, blue, B)의 단색광에 반응한다. 이 RGB를 빛의 삼원색이라고 부른다. 추상세포의 3분의 2 가량이 긴 파장의 빛에 맞춰져 있어서 우리 인간은 파랑 계통의 차가운 색보다 빨강, 노랑, 황색의 따뜻한 색을 더 잘 볼 수 있다. 과학의 발달로 우리 인간은 이 RGB에 대한 이해를 활용하여 텔레비전이나 휴대전화 등의 디스플레이 기기에서 컬러 영상을 만든다.

빛의 'RGB 3원색'은 가산혼합을 한다. 우리는 RGB의 색깔로 된 세 개의 큰 원이 교집합 그림 모양으로 얽혀 있는 그림을 많이 본다. 빨강과 녹색 원이 만나는 혼색(混色) 영역에는 노란색이 칠해져 있다. 파장 580nm인 빛과 530nm인 빛을 섞으면 우리 눈은 적(R) 원추세포와 녹(G) 원추세포가 동시에 활성화되어 다른 파장을 갖는 노란색(yellow)으로 인식하게 된다. 단 이때 각각의 단색광은 발광체에서 직접 나온 것이어야 한다. 빨간(R) 전등과 파란(B) 전등을 합쳐서 비춰보면 보라색(violet)이 아니라 자홍색(magenta)이 나온다. 파랑과 녹색을 섞으면 하늘색(cyan)이 나온다. 'RGB 3원색' 계열의 빛이 모두 섞이면 흰색으로 느낀다. RGB 세 원의 교집합이 되는 가운데 부분은 흰색으로 표시되어 있다. 물론 빛을 전혀 받지 않으면 새까맣다. RGB 모델에서는 보통 색 좌표로써 0부터 255까지 수치를 부여하고 있다. 빨강,

초록, 파랑의 색 각각에 대해 0으로 설정하면 그 색은 빛이 없으니 안 보이게 된다. 고로 3색 모두에 빛을 주지 않고 (0, 0, 0)으로 설정하면 검정이 되고, 최대수치인 (255, 255, 255)로 하여 빛을 최대로 주면 하얀색이 되는 방식으로 흑백을 표현할 수 있다.

한편 감산혼합을 하는 '색채의 3원색'이 있는데 Cyan, Magenta, Yellow의 CMY 3원색을 의미한다. 단 이때 빛은 발광체에서 나온 빛이 아니라 물체에서 반사된 빛이다. 초등학교 미술 시간에 배우게 되는 그것이다. CMY 색으로 된 큰 원이 교집합을 이루도록 겹쳐 있는데 중요한 점은 가운데 세 가지 색이 겹치는 영역이 검정이라는 이야기이다. Cyan과 Magenta의 혼합은 Blue, Cyan과 Yellow의 혼합은 Green, Magenta와 Yellow의 교집합은 Red가 된다. 20세기말 컴퓨터의 보급이 진행되던 시점에선 색채의 3원색이 일반적으로 더 와닿는 개념이었지만 21세기에 접어들어 빛의 3원색의 개념이 더 쉽게 접할 수 있게 되면서 현재는 색채학이라고 전문적으로 배우지 않는 이상 통념상 흔히 3원색이라 한다면 RGB라고 할 수 있다.

'인쇄의 4원색'이라는 CMYK라고 있는데 색채의 3원색에 인쇄 시 필요한 검정인 키 판(key plate)을 합친 것이다. CMY를 전부 섞으면 검은색이, 하나도 안 쓰면 하얀색이 되지만 인쇄에서는 텍스트 하나를 찍을 때 세 가지 색을 일일이 조합하는 게 합리적이지 못해서 검정을 따로 쓰는 것이다. 편의성 문제도 있지만 CMY 세 가지 잉크를 섞어서 좋은 검정을 만드는 게 어려워서 검정색을 따로 쓰고 있다. 이외에 컬러 모델로 HSI, YCrCb, YUV 등이 있지만 너무 전문적인 영역이므로 여기서는 설명을 생략한다.

보통 색은 무채색과 유채색으로 나뉜다. 여기서 유무 여부는 색상(Hue)이 있느냐 없느냐이다. 일반적으로 흑백 디지털 영상은 검은색과 흰색의 이진법(binary)으로 되어있다. 여기에 회색을 추가하면 그레이(gray) 레벨 영상이 된다. 색상(Hue)은 가시광선의 여러 파장으로 우리 눈에 들어오는 색의 느낌을 말한다. 채도(Saturation)는 원색에 흰색이 섞인 정도를 말하며 색의 순수성을 의미한다. 예를 들어 분홍색은 원색인 빨강에 흰색이 섞여서 생기는데, 색이 바래거나 희미한 느낌을 준다. 반면 빨강은 선명하고 활기차게 보이는데, 흰색이 전혀 섞이지 않아 채도가 높다고 말한다. 명도(Intensity)는 빛이 물체에 반사되어 느껴지는 강도로 범위는 빛의 밝고 어둠을 나타내는 흰색과 검은색까지이다. 무채색은 명도만 있고 채도가 0인 색으로, 사실상 빛의 세기만을 나타내고 있어서 색이라고 칭하지 않는 사람들도 있다. 대표적으로 검은색, 회색, 흰색이 무채색이고, 무지개에 나오는 색깔이 유채색이다. 뒤에 무채색에 대해서 먼저 살펴보고, 자연에서 분광을 경험할 수 있는 무지개 현상을 검토하고 빨주노초파남보의 순서대로 유채색에 대해서 살펴볼 예정이다.

색채는 감산혼합을 한다는 말의 의미를 다음의 예에서 알 수 있다. 빨간색 자동차를 대낮에 실내주차장에 주차하고 위치를 제대로 기억하지 않은 채 근무하다가 밤에 귀가하려고 주차장에 가서 차의 색깔만으로 자기 차를 찾으려 할 때 쉽지 않다. 주차장 전등이 수은 증기 램프로 되어 있으면 특히 그렇다. 수은 램프는 파란색(B) 계통의 빛을 강하게 발하고 있다. 주차장의 수은 램프에서 차체에 입사하는 빛이 붉은빛(R)을 포함하고 있지 않아 차체에서 붉은빛을 반사할 수 없어 우리 눈에는 빨간색 자동차가 검은색으로 보인다. 그래도 형체 등으로 자기가 운전해 오던 차를 구별한다. 주차장에서 차를 몰고 나오면 RGB 균형이 어느 정도 맞는 빛을 발하고 있는 시내 가로등 아래에서는 자기 차 앞부분은 다시 붉은색으로 보인다.

색(色, color)은 색깔, 색채, 빛깔 등으로 불린다. 색은 결국 어떤 물체의 표면에 빛이 반사하는 정도에 따라 시각 계통에서 감지하는 성질의 차이로 나타나는 감각적 특성이다. 영유아 시절에는 흑백으로 세상을 본다고 한다. 외부 빛에 우리 눈이 노출되기 시작하면서 경험과 학습으로 색에 관한 감각이 키워진다. 사람마다 색각(色覺)이 다르다. 같은 문화권에 있으면 어려서부터 문화나 언어활동으로 비슷하게 훈련이 되지만 그래도 미세한 개인차가 있을 수 있다. 언어나 문화가 다르면 인종마다 색에 대한 인식이 천차만별일 수 있다. 인간에게는 같은 색이라고 느끼는 두 색채도 다른 사람이나 색각(色覺)이 있는 동물 혹은 텔레비전이나 휴대전화의 디스플레이에서는 다르다고 느낄 수 있고 그 반대도 가능하다. 즉 물체의 색은 맛(미각)이나 냄새(후각)와 같이 뇌에서 합성된 주관적 감각이다. 색은 우리 눈과 뇌에서 느끼는 합성된 감각이지 물체 고유의 물리량이나 성질은 아니다. 옛날에는 물체 고유의 색이 있다고 가정했고 지금도 일반인들은 그렇게 생각하고 있으나 현대 과학 지식에 의해 이는 부정되고 있다.

우리 몸에 색상 인지가 가능한 유전자는 X염색체에 있다. 이 중 특정 영역의 색상을 인지하지 못하는 형질의 X염색체가 있는데, 이러한 형질의 X염색체를 받으면 색맹(色盲)이 발현된다. 세계 인구의 약 4.5%가 추상세포의 결함 때문에 색맹이거나 색약이라고 한다. 드물게는 아예 색상 자체를 인지하지 못하는 전색맹 형질도 존재하는데, 이 경우 세상이 흑백으로만 보이게 된다. 참고로 반성유전이라서 성별에 따라 다르게 발현되고, 색맹은 대부분 남성에게 나타난다. 여성의 경우 X염색체 중 한쪽에 색맹 형질이 위치하면 열성이 되어, 형질이 발현되지 않는 보인자가 된다. 그리고 색상 인지 능력은 여성이 더 뛰어나다. 정확히는 빛의 삼원색이나 무지개 등 아주 기본적인 색상을 인지하는 능력은 남녀가 차이가 없지만, 색상의 명암, 농담 등 톤의 차이를 인지하는 능력이 여성이 남성보다 높다고 알려진다. 이는 여성이 X염색체를 2개, 남성은 1개를 가지기에 색 인지 능력 관련 유전자를 더 많이 가지기 때문으로 보인다. 색맹이나 색약이 남성은 12명에 1명꼴로 여성은 200명에 1명꼴로 나타난다고 한다.

이와 같은 생리적인 색맹은 어쩔 수 없는 현상이지만, 우리는 문화적인 색맹도 경험하고 있다. 우리말은 색을 표현하는 색채어(色彩語)가 다채롭게 발달한 언어로 기본단어에 다양한 접사의 첨가, 모음이나 자음의 교체 방법 등으로 수많은 색채어를 만들어 화자의 미묘한 감정을 전달하고 있다. 그러나 우리는 언어적으로 녹색(green)과 청색(blue)을 엄밀하게 분리해서 표현하지 않고 있다. 우리말은 산도 푸르고, 하늘도 푸르다고 한다. 도로에 설치되어 있는 신호등에서 '출발'을 의미하는 색상은 분명 초록색이며, 언중(言衆)이 인지하는 색 또한 초록색이다. 그러나 국어대사전이나 방송에서는 청신호 혹은 파란불이라고 표현된다. 요즘에는 초록색과 청색을 어려서부터 구분하는 훈련을 시키고 언어적으로도 분류해서 표현하고 있지만, 아직도 노년층에서는 두 색의 명칭을 혼용하고 있고, 훈련받은 사람이라도 무의식적으로 잘못된 표현이 튀어나온다.

이같이 상당히 주관적인 색 감각을 객관화하기 위하여, 물감, 염색, 패션, 인쇄업계 등에 종사하는 색 전문가들은 컬러차트(color chart)를 정의하고 삼차원적인 색 좌표로 색을 표시해서 소통하고 있다. 색 좌표계는 형식별로 달라서 단순 비교가 불가능하다. 그러므로 색 정보를 소통할 때는 반드시 색 좌표계 형식을 명기해야 한다. RGB 3원색의 배합으로 각종 색을 표시할 수 있으므로 색 좌표는 결국 삼차원으로 나타나는데, 실제 색을 지면에 표시하기는 어려워서 컬러차트는 결국 2차원적으로 나타나 있다. 아무리 노력해도 인공적으로 만든 디스플레이가 모든 색의 영역을 커버할 수는 없다. 디스플레이에서 사용하는 색 프로파일은 삼각형의 형태로 색 영역을 지정하는데, 당연히 아귀가 맞을 리가 없으니 완전한 색 표현이 불가능하다. 실제로 모니터에서 이 컬러차트를 보면 대부분 초록색 부분의 색 변별이 어렵다. 눈의 색각 이상이 아니어도 그렇다. 이렇게 복잡한 색 표현의 문제를 해결하기 위해 실물로 색 패턴을 만들어 이름이나 번호를 붙여서 당사자들이 패턴을 직접 눈으로 보고 확인하는 방법으로 소통하고 있다. 실제로 요즘 디자인 분야에서는 팬톤

(Pantone) 사가 제안한 색 패턴(color pattern)인 Formula Guide를 활용한다고 한다.

색을 정의하고 표현하는 방법으로 다양한 색채어나 객관화된 색 좌표가 등장하여 색에 관한 소통에 문제가 없도록 우리는 노력하고 있지만, 색감에 대한 개인적인 차이는 어쩔 수 없다. 우리 개인들은 새 옷이나 새 차를 고를 때 색깔을 정해야 하는 고민을 안고 있다. 평소에 색깔에 대한 분명한 선호도가 있는 사람은 적절한 양보와 함께 자신의 호불호를 정하면 되지만, 그렇지 못한 경우 누구나 순간적으로 난감해진 경험이 있을 것이다. 대개는 주위의 평을 반영하여 결정하게 된다. 동물은 의태(mimicry)라고 주위 환경에 따라 보호색이나 위장무늬를 하고 있다. 사람도 군대에서 사람이나 무기에 색깔을 입혀서 위장하거나 눈에 잘 띄지 않게 하려고 한다. 보통 해당 지역의 환경에 맞춰서 얼룩무늬를 만드는데 여름에는 녹색 계열을 사용하지만, 겨울에는 회색이나 흰색의 전투복을 입는다. 사막지형이 많은 중동 지방에서는 갈색과 황토색 계열을 사용한다.

물질에 고유의 색깔은 없다고 하지만, 물질마다 빛과의 상호작용으로 내는 고유한 빛깔이 있다. 우리 인류는 역사적으로 특정한 색을 내는 염료, 안료, 물감 등을 개발하였다. 고대 이집트의 유물에서 발견되는 청색은 수천 년이 지난 뒤에도 그대로 있다고 생각된다. 이 파란색 물감은 라피스 라즐리라는 보석에서 추출한 것인데, 지금의 아프가니스탄 지역에서 산출되어 무역으로 도입하였다고 알려져 있다. 지금부터 2천여 년 전 옛날에 근동이나 유럽에서는 자주색 옷이 부자나 권력자의 의복으로 인기가 있었다고 한다. 조개의 일종인 고등의 내장에서 자주색 염료를 뽑아내는 기술이 일찍이 개발되어 그 사회에서 인기가 있었나 보다. 자주색 염료 생산과 유통에 관련되는 산업이 발달하고 그 업에 종사하는 사람들이 큰 이익을 취하고 있음을 성경 같은 기록에서 볼 수 있다. 자연에서 얻는 동식물이나 광물에서 뽑아낸 천연염료를 사용한 역사는 아주 오래지만, 유기화학의 발달로 공업적으로 합성한 염료 물질이 많이 개발되어 색을 구현하는 방법이 다양화되었다. 훌륭한 염료는 옷감에 물들인 후 쉽게 물이 빠지지 않고 그 색깔을 오래 보존하여야 한다. 아무리 오묘한 색깔이 나오더라도 세탁 시에 그 색깔이 쉽게 바래면 염료로 사용할 수 없을 것이다. 페인트 등에 쓰이는 안료는 벽에 발랐을 때 그 색깔이 선명한 것이 생명이지만 시간 경과에 따라 쉽게 변색이 되면 큰일이다. 변색(變色)과 유사한 말로 퇴색(退色), 탈색(奪色)이 있다. 탈색(脫色)이라는 표현도 있고, 그 반대로 착색(着色)이란 말도 있다.

인류에게 색의 인지 능력은 미술이라는 예술로 승화하였다.

초기의 미술에는 물체의 형태를 스케치하는 데에 만족해야 했지만, 물감의 발견으로 더욱 사실적으로 그릴 수 있었다. 고대 동굴이나 암벽에 있는 짐승이나 사람의 그림에 아직도 색채가 남아 있으면 더욱 가치가 인정된다. 중세시대에는 화가가 부자의 주문을 받고 인물화를 그렸다고 한다. 먼저 형상을 스케치한 이후에 그림의 주인이 물감을 구한 후에 색을 칠했다고 한다. 가난한 화가가 좋은 물감을 구할 수 없었기 때문이다. 19세기 후반에 근대미술의 발달도 화학적으로 합성된 저렴한 물감의 출현으로 가능해졌고, 아울러 그림물감을 튜브에 넣어 운반과 사용이 편리해진 것이 큰 몫을 하였다고 한다. 그림 그릴 때 쓰이는 물감은 쉽게 변하지 않고 다른 물질과 혼합했을 때 일관성이 있어야 화가들이 좋은 물감이라고 하였다. 두 색을 혼합하는 순간 두 물질 간에 화학반응이 일어나면 엉뚱한 색이 나올 수 있다. 훌륭한 화가는 선택한 물감들의 적절한 배합으로 나름대로 아름다운 색깔을 내는 자신만의 기교가 있었다. 그러나 아무리 유명한 미술작품도 세월이 지나면 그 색깔이 미묘하게 변하게 마련이다. 일부 화가들은 팔레트에서 물감의 배합으로 색다른 색을 만들어서 화폭에 바르기보다는 원래의 색을 화폭에 미소하게 바르면 우리 눈에 더 멋있는 다른 색으로 보이게 된다는 이론을 믿고 있었다. 오늘날 전자 디스플레이 화면에서 미소한 화소에 RGB의 비율을 순간적으로 변하게 해서 입체 동영상을 구현하는 수법을 일부 화가들은 일찍부터 파악하고 있었는지 모른다. 다만 화가들의 붓끝이 너무 굵어 미소한 화소를 그림에 구현할 수 없어서 오늘날의 디스플레이 같은 멋진 화면을 애초에 만들 수 없었을 것이다.

흑(黑, black)
─블랙 벨트

못 견디게 그리운

아득한 저 육지를

바라보다

검게 타버린

검게 타버린

흑산도 아가씨

이미자, <흑산도 아가씨>(1965)

전라남도 남단에 있는 섬의 이름이 왜 흑산도(黑山島)인지는 가 보지 않아서 잘 모르겠다. 위 이미자의 노래 가사에는 아가씨의 마음이 검게 타버려서 흑산도라고 되어 있다. 자산어보(玆山魚譜)라고 조선 후기 문신 정약전(丁若銓, 1758~1816)이 귀양 가 있던 흑산도 연해의 수족(水族)에 대하여 1814년에 저술한 귀중한 책이 있다. 책명 '자산어보'의 '자(玆)'는 흑(黑)과 같은 뜻을 지니고 있으므로 자산은 곧 흑산과 같은 말이다. 흑산이라는 이름은 무언가 음침하고 어둡고 두려운 데가 있어서 자산이라는 말을 사용하지 않았나 생각된다. 원래 생물학자가 아니었던 정약전은 지역 어부들과 같이 수산자원을 조사하여 어족을 분류하고 그림과 함께 설명을 시도하였다. 그의 실용적인 학문적 태도를 높이 평가하여야 할 것이다.

태권도나 유도 같은 무술에서는 도복을 입고 훈련을 한다. 무술 실력에 따라 도복에 색깔이 있는 띠를 두른다. 요즘은 주택가에 태권도 학원이 있어서 어린이들이 건강관리 차원에서 열심히 수련하고 있다. 필자 손녀도 태권도에 흥미를 느껴 처음에는 자신이 하얀 띠라고 하더니 시간이 지남에 따라 노란 띠, 파란 띠, 빨간 띠 순으로 올라갔다. 실력에 따른 띠의 색깔 규정이 협회 차원에서 있나 본데, 동네 학원마다 적절하게 변형해서 관리하나 보다. 외손녀에게 알아보니 비슷한 색깔 등급이 줄넘기나 수영 학원에도 있다고 한다. 어린이들에게 동기부여를 시키는 방법으로 쓰지 않나 생각된다. 어쨌든, 태권도에서는 초보자에게 흰색을 최고의 실력자에게 흑색 띠를 부여한다. 어린이에게는 바로 블랙 벨트를 주지 않고 '품 띠'라고 하여 검정과 빨강이 스트립(strip)으로 되어 있는 띠를 주는가 보다. 일부 회사에서 실시하는 품질관리 기법의 하나인 '6시그마' 인증에서도 최고의 등급을 black belt라고 한다.

 우리가 가장 먼저 기본적으로 느끼는 색이 검정과 흰색이다. 흑백 논리(黑白論理)라는 말이 있다. 모든 문제를 흑과 백, 선과 악, 득과 실, 옳고 그름의 양극단으로 구분하고 중립적인 것을 인정하지 아니하려는 편중된 사고방식이나 논리를 의미한다. 우리는 선악을 상징적으로 흑과 백으로 나누어 인식하고 있다. 광명은 선을 상징하고, 암흑은 악을 상징한다. 예를 들어 상대방을 중상모략하기 위해 근거 없는 사실을 조작해서 퍼뜨리는 행위를 흑색선전(黑色宣傳)이라고 한다. 어떤 일이 사실이라면 명백(明白)하다고 말한다. 흰색은 밝다 또는 옳다는 사실을 전제하고 있다. 누군가 마음이 음침하고 흉악하면, 음흉(陰凶)하다고 말한다. 우리는 사물을 빛과 어둠, 즉 양과 음으로 대비하여 인식하고 있다. 빛이 없으면 우리는 어둡다고 느낀다. 빛 즉 가시광선이 없는 상태를 우리 눈은 흑으로, 빛이 있는 상태를 백으로 인식한다.

 우리는 보통 색을 무채색과 유채색으로 나눈다. 즉 무채색은 채도는 없고 명도만 있다. 대표적으로 검은색, 회색, 흰색이 이에 속한다. 검은색은 물체가 모든 빛을 흡수하여 그 물체에서 나오는 빛 즉 명도가 0이고, 흰색은 그 물체가 모든 빛을 반사해서 명도가 최대로 높다. 우리의 언어 습관 중에 색채어에서 색이 진해지면 그 말 앞에 '검다(dark, black)'라는 표현을 덧씌운다. 예를 들면, 검붉은 피, 블랙핑크(black pink), 검푸르다, dark blue 등의 말을 쓰고 있다. 백색광(white light)은 서로 다른 파장(주파수, 에너지)을 갖는 다수의 빛이 섞여 있는 빛을 말한다. 우리는 공기의 색이나 물의 색을 무색이라고 한다. 알고 보면 흰색은 무색이 아니고 다색이다. 단색광(monochromatic light)은 단 한 가지의 파장을 갖는 빛을 의미한다. 우리가 무지개를 볼 때 느끼고 있는 여러 개의 색깔 중에서 어느 특정한 색을 의미한다.

태양이 비추는 대낮에도 우리 눈은 검정을 감지할 수 있다. 대상 물체가 빛을 받더라도 모든 파장의 빛을 물체가 흡수하고 반사되는 빛이 하나도 없으면, 우리는 그 물체가 검다고 인식한다. 이런 현상을 유추하여 천체물리학에서는 별이 수축하여 모든 물질을 빨아들여서 아무것도 심지어 광자 하나조차 빠져나올 수 없는 존재를 블랙홀(black hole)이라고 부른다. 또 다른 물리학 용어로 흑체 복사(blackbody radiation)가 있는데, 에너지의 복사 이론을 설명할 때 사용한다. 흑체는 입사하여 들어오는 모든 빛

(복사)을 주파수에 상관없이 모두 흡수하는 이상적인 물체를 말한다. 흑체는 자신에게 들어오는 모든 에너지의 빛을 일단 흡수하여 자신의 에너지로 만든 후에 이를 복사의 형태로 다시 밖으로 내보내는 물체라고 정의한다. 이런 흑체에서 무엇이 나오는지를 실험적으로 조사해 보면 그 결과는 우리 일상의 경험적 사실과 잘 일치한다. 흑체는 차가울 때보다 뜨거울 때 더 많은 복사 에너지를 내놓으며, 뜨거운 흑체 스펙트럼의 봉우리는 차가운 흑체의 그것보다 더 높은 주파수 쪽에 치우쳐 있다. 쇠막대를 가열하면, 처음에는 흐릿한 붉은색, 밝은 주황색, 푸른색으로 변하다가, 마지막에는 백색으로 변함을 우리는 알고 있다.

우리는 까만색을 무지나 부지로 이해한다. 어떤 소식이 없으면, 깜깜무소식이라고 말한다. 건망증이 심하면, 내가 까마귀 고기를 삶아 먹었느냐고 말한다. 까마귀의 겉이 검어서 나온 말일 게다. '까마귀 노는 곳에 백로야 가지 말라'는 시조 귀절도 있다. 우리 풍습에 까치는 길조로 보는데, 비슷한 부류인 까마귀는 부정적인 이미지가 강하다. 까마귀가 그렇게 나쁘고 아둔할까? 어느 아마추어 조류 관찰자가 어느 날 망원경과 카메라를 들고 까마귀를 관찰하려고 나섰다. 계곡에서 까마귀 떼를 만났는데, 까마귀들이 운동회를 하는 것 같았다. 계곡에서 까마귀들이 경주하듯이 떼를 지어 날다가 넓은 공터에 내려앉아서는 까마귀들이 무슨 미션을 수행하는 것 같다. 근처 큰 나무에 앉아 있는 다른 까마귀들은 어린이 운동회를 감상하며 잘하는 애 칭찬하고 손뼉 치는 부모같이 무언가 떠들고 야단이다. 참 까마귀들이 대단하다고 생각하고 하산하여 자기 집에 들어가 카메라에서 찍은 사진을 감상하고 있는데, 창밖에서 누군가가 자기를 관찰하고 있는 것 같은 예감이 들었다. 획 돌아서 창밖을 보니, 아까 무리 속에 있던 까마귀 두 마리가 큰 나무에 앉아서 자기를 관찰하고 있는 것이 아닌가!

우리는 집안에 상을 당했을 때 유족들은 검정 상복을 입는다. 다른 집에 문상할 때도 검은 옷을 입고 가야 예를 제대로 갖춘다고 알고 있다. 장례식 때 주요 색상은 검정이다. 우리는 검은색이 엄숙한 분위기에 맞는다고 알고 있다. 그러나 이것은 서양에서 유래한 풍습이고 우리의 전통 상복은 남자는 굵은 베옷이었고 여성들은 무명으로 된 소복을 입었다. 우리 한민족을 백의민족(白衣民族)이라고 부른다. 중앙아시아나 아라비아의 전통 의상의 색깔도 흰색이다. 서양 문물이 들어오기 전에 우리 조상이 흰옷을 즐겨 입어서 백의민족이라는 이름이 붙은 모양이다. 옛날에는 일상복이 베옷이나 무명옷이 주였는데, 이를 유채색으로 염색하려면 추가적인 공수가 들어가야 했고, 좋은 염료가 없어서 잘못 물을 들이면 안 들인 것만 못하므로 옷감 그대로 옷을 지어 입었다고 생각된다. 당시에는 세탁기나 세제가 없던 시절이라 흰색 옷이 때가 잘 타도 세탁하기에 무난했고, 잿물 등에 세탁하면 때가 대부분 지워졌고, 지워지지 않으면 그러려니 하고 입지 않았나 싶다.

 옛날에 중고교 시절에 교복을 입었는데, 동복(冬服)은 학교에 상관없이 검은색이나 그와 가까운 색이었다. 겨울에는 추워서 비추는 빛의 모든 에너지를 흡수하는 검정 옷을 입어야 보온이 잘 되고, 보는 사람도 시각적으로 따뜻하다고 느낄 수 있다. 여름철이 되면 검정 교복은 입은 사람이 덥고, 보는 사람도 더워 보이니까, 흰색 계통으로 하복(夏服)을 입었다. 흰색은 때가 쉽게 타서 깨끗해 보이지 않으니까 회색의 교복을 주로 입었는데, 시원한 느낌이 드는 청색 교복을 선택한 학교도 있었던 것 같다.

 인류 역사에서 흑색은 신분을 상징하는 제복의 색깔로 쓰여 왔다. 프랑스 그르노블(Grenoble) 출신의 스탕달(Stendhal, 1783~1842)이 쓴 '적과 흑(Le Rouge et Le Noir)'이라는 소설이 있는데, 주인공이 출세하고 싶던 신분으로 군인의 제복 색깔을 의미하는 '적(red)'과 성직자 옷 색깔인 '흑(black)'을 대조적으로 제목에서 쓰고 있다. 지금은 군복이 얼룩무늬의 녹색이거나 모래 색깔이지만, 당시 유럽에서는 붉은색이었나 보다. 한편 요즘도 신부(神父)나 성직자는 검정 옷을 많이 입고 있다. 그러나 최근

텔레비전에서 본 바티칸의 어느 예식에서 추기경의 의복과 모자는 진홍색, 혹은 심홍색의 색깔이었다. 소설 '적과 흑'의 제목의 유래에 대한 다른 의견으로는 카지노에 있는 룰렛의 회전판 색이 붉은색과 검은색인 것에서 주인공의 인생을 도박에 비유한 게 아니냐는 말도 있다. 그러나 스탕달 자신이 정확하게 밝히지 않아서 제목의 유래는 불명하다.

 스탕달의 소설 '적과 흑'의 줄거리는 다음과 같다. 목수의 아들로 태어난 줄리앙 소렐은 평민의 신분에서 벗어나길 갈망한다. 그의 귀감(龜鑑)인 나폴레옹 보나파르트처럼 전쟁터에서의 활약을 통한 출세가 불가능해졌다고 생각해서 그는 차선책으로 상류층 귀부인들에게 접근하여 자신의 신분을 상승시키고자 한다. 그는 시골 도시의 시장 집에 가정교사로 들어간 후 시장의 아내인 레날 부인을 유혹하고 그녀를 굴복시킨다. 그 후 부인과의 염문설이 퍼지자 줄리앙은 가정교사를 그만두고 신학교로 진학하고 거기서 라틴어 실력으로 늙은 대주교의 인정을 받는 성직자가 되는데 순전히 출세를 위한 발판이었다. 결국 그는 파리의 권력자인 라 몰 후작의 개인 비서가 되고 그의 딸 마틸드를 유혹하는 데 성공한다. 마틸드는 임신하게 되고 후작은 어쩔 수 없이 줄리앙을 귀족 신분으로 만들기를 결정하고 거액의 돈과 영지를 물려준다. 줄리앙이 새로운 성까지 얻고 기병대 중위로 임관

하여 출세 가도의 첫발을 내딛는 순간에 후작의 집으로 한 통의 편지가 도착하는데 그것은 지금까지 있었던 모든 내막을 폭로하는 레날 부인의 고발이었다. 분노한 후작은 딸에게 결혼을 취소하지 않으면 의절하겠다며 파리를 떠나버렸고, 딸은 줄리앙에게 이 사실을 알린다. 줄리앙은 분노로 이성을 잃고 옛 도시로 달려가 미사에 참례 중이던 레날 부인의 어깨를 권총으로 쏜다. 부인은 가까스로 살아남았지만 줄리앙은 사형 선고를 받았고, 여전히 줄리앙을 사랑하는 레날 부인과 마틸드, 그리고 줄리앙의 유일한 친구 푸케가 그를 구명하려고 사방으로 고군분투하지만 실패하고 줄리앙은 결국 단두대에서 참수형을 당한다. 줄리앙의 시신을 거둔 푸케는 마틸드와 함께 그의 장사를 지내준다. 레날 부인도 줄리앙이 처형된 지 얼마 지나지 않아, 줄리앙이 가르치던 자신의 아이들을 껴안은 채로 병상에서 생을 마감한다. 당시 젊은 남자들의 신분 상승 야망의 헛됨을 소설에서 묘사하고 있다.

백(白, white)
―월백(月白), 명랑한 흰 빛에

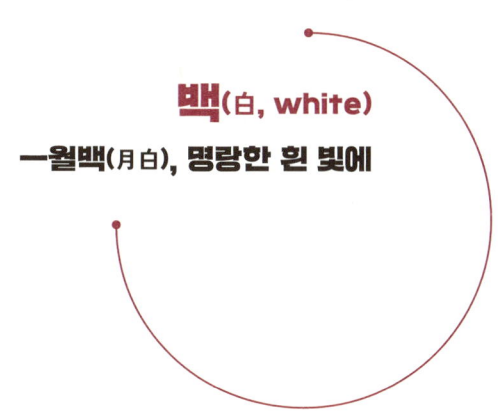

梨花(이화)에 月白(월백)하고 銀漢(은한)이 三更(삼경)인 제
一枝春心(일지 춘심)을 子規(자규)야 알랴마는
多情(다정)도 病(병)인 양하여 잠 못 들어하노라.
―이조년(李兆年)

이 시조에는 배꽃이 활짝 핀 달밤에 들려오는 소쩍새 소리를 들으며 봄의 정취에 빠져 있는 이의 심정이 고스란히 담겨 있다. 배꽃이 활짝 핀 어느 봄 밤, 하늘에는 달이 활짝 뜨고 은하수가 흐르고 있다. 달빛이 하얀 배꽃에 비치어 더욱 아련하게 보이는 고즈넉한 풍경을 묘사하고 있다. 이 풍경 속으로 두견새의 울음

소리가 들려온다. 두견새가 이 밤에 느끼는 작가의 정취를 알고 우는 것은 아니겠지만 두견새의 울음소리로 봄밤의 애상적 정취는 더 깊어진다. 화자는 아름답고 고즈넉한 봄밤을 홀로 두기 아쉬운 마음에 잠 못 들고 서성이고 있고, 두견새는 봄밤에 자지 않고 혼자 서성이는 화자를 홀로 두기 아쉬운 마음에 자지 않고 울고 있다. 달이 희도록 밝은 밤의 일이다.

늦은 밤에도 도시에는 쉽게 불을 밝힌 가게들이 있어서 달빛을 의식조차 하지 못한 채 지나칠 때가 많지만 전통적으로 우리 문화에서 '월백(月白)', 달의 흰 빛은 특별하고 반가운 것이었던 듯하다. '명랑운동회'의 경우처럼 다소 뜬금없는 곳에 붙어 있는 '명랑(明朗)'이라는 단어의 사전적 의미는 '맑고 밝음', '밝고 쾌활함'이다. 그런데, 한 세기 전 우리말로 번역되었을 찬송가 가사를 보면 우리 조상들이 '명랑'이란 말을 어떻게 썼는지 알 수 있다.

> 광명한 해와 명랑한 저 달빛, 수많은 별들 비치나(Fair is the sunshine, Fairer still the moonlight, And all the twinkling starry host)
> ―새 찬송가 32장 3절 <만유의 주재>

사전적인 의미로는 '공평한, 정당한'이라는 의미를 갖는 'Fair'라는 단어를 원곡에서는 햇빛을 묘사할 때 썼는데, 역자는 이를

'광명한'이라고 번역하고 있다. 한편 원래 곡에서는 이 단어의 비교급인 'Fairer'란 말을 달빛을 묘사하는 데 썼는데, 번역자는 '명랑한'이라고 번역하였다. 달빛이 밝고 낭랑하게 빛나는 고요한 한밤의 분위기에는 '명랑하다'라는 형용사가 제격이라고 생각했던 듯하다. 옛사람들은 왜 달빛을 '명랑하다'라고 생각했을까? 달이 등장하는 몇몇 문학 작품들을 짚어보면 그 이유를 조금은 짐작해 볼 수 있다.

> 강나루 건너서
> 밀밭 길을
> 구름에 달 가듯이
> 가는 나그네.
> 길은 외줄기,
> 남도 삼백 리.
> ―박목월, <나그네>

박목월의 시 <나그네>에는 '구름에 달 가듯이 가는 나그네'라는 표현이 나온다. 일일이 발품을 팔아 먼 길을 이동하던 시절에는 한겨울이 아니고서는 대낮 햇볕 아래 움직이기보다는 한밤에 명랑한 달빛을 벗 삼아 먼 길을 걸어서 갔을 것이다. 구름 조각

2장 색이란 무엇인가? 087

사이 갈라진 틈서리로 비치는 달빛은 씻은 듯이 맑고 아름다운 '명랑한' 빛이다. 바람이라도 불어 흘러가는 '구름의 발'이 빨라지게 되면 달은 날개가 돋친 듯 날아가는 것처럼 보인다.

이와 비슷한 풍경이 이효석의 단편소설 〈메밀꽃 필 무렵〉에도 잘 묘사되어 있다. 강원도 산골에서 오일장마다 장소를 옮겨 다니며 물건을 팔던 장돌뱅이들은 한밤에 산길을 걸어서 넘어 다녀야 했다.

> 이지러는 졌으나 보름을 갓 지난 달은 부드러운 빛을 흐뭇이 흘리고 있다. 대화까지는 팔십 리의 밤길, 고개를 둘이나 넘고 개울을 하나 건너고 벌판과 산길을 걸어야 한다. 달은 지금 긴 산허리에 걸려 있다. 밤중을 지난 무렵인지 죽은 듯이 고요한 속에서 짐승 같은 달의 숨소리가 손에 잡힐 듯이 들리며, 콩 포기와 옥수수 잎새가 한층 달에 푸르게 젖었다. 산허리는 온통 메밀밭이어서 피기 시작한 꽃이 소금을 뿌린 듯이 흐뭇한 달빛에 숨이 막힐 지경이다. 붉은 대궁이 향기같이 애잔하고 나귀들의 걸음도 시원하다.
> —이효석, 〈메밀꽃 필 무렵〉 중에서

봉평장에서 대화장까지는 팔십 리 길이어서 하룻밤 내내 걷거나 나귀를 타고 가야 목적지에 도착할 수 있다. 한여름에 명랑한 달빛 아래, 하얀 메밀꽃이 피어 있는 산길을 동행이 있어 같이 가노라면 외롭지도 않고 힘도 안 들게 느껴질 것이다. 더우면 냇물에 뛰어들어 시원하게 목욕도 한다.

요새도 여전히 밤에 달을 보면서 그 명랑함에 힘을 얻는 사람들도 있다. '명랑한' 달빛의 전통을 소설가 공선옥의 소설 〈명랑한 밤길〉에서 확인할 수 있다. 이 소설의 마지막 장면은 처절하게 실연당해 밤길을 정처 없이 걷던 주인공 여자가 네팔과 방글라데시에서 온 두 명의 이주노동자를 치한으로 오해하고 숨었다가 그들의 대화를 엿듣는 것으로 이어진다. 둘 중 한 명인 깐쭈라는 네팔 사람은 슬플 때마다 꿈속에서 보곤 했던 네팔의 달에 관해 이야기한다. 그들의 이야기를 들은 주인공은 노래를 부르며 길을 떠난다. 이 소설이 마지막 문장은 다음과 같다.

> 저기, 네팔의 설산에 떠오른 달이 보인다. 나는 달을 향해 나아갔다. 비를 맞으며 천천히, 뚜벅뚜벅, 명랑하게.
> ─공선옥, 〈명랑한 밤길〉 중에서

이 소설의 '명랑' 역시 달과 이어진다. 달 때문에 고달프고 슬픈 밤길도 명랑할 수 있다. 희도록 밝은 달, 달처럼 밝은 흰색에는 '명랑함'이 담겨있다.

  달밤에 흰 배꽃이나 메밀꽃을 좋아하던 우리 민족의 감성이 요새는 벚꽃 밑에서 발하는 듯하다. 4월 초쯤에 서울 여의도나 경남 진해에서 벌어지는 각종 벚꽃 축제에 많은 사람이 몰리고 있다. 이제는 달빛이 아니라 도심의 가로등 불빛이 대신하고 있다. 사람들은 하얀 벚꽃 밑에서 휴대전화로 인증샷을 찍기에 바쁘다. 이럴 때 봄비라도 오면 바람에 하얀 꽃비가 눈처럼 흩날린다. 그래 봐야 어차피 며칠이면 지게 되는 꽃의 운명 아니더냐? 꽃은 지고 어서 열매인 버찌를 맺어야 하지 않겠는가? 벚꽃을 일본인이 좋아하고 일본의 국화라고 알려져 있는데, 원산지는 우리나라라는 설이 있다. 일본인의 영향 때문인지 미국이나 유럽에도 벚꽃이 많이 보급되어 있다. 미국 워싱턴 시의 벚꽃놀이는 나름 유명하다.

별들이 반짝이는 까만 밤

흰 눈이 살며시 내려와

지붕 꼭대기 용마루에

하얀 목도리를 씌어줬네요.

장독대 머리 위에도

하얀 벙거지 모자를

강만희 〈벚꽃 인증샷〉

씌어놓고

―이종수, <눈 내리는 밤>

한규석 〈장독대에 쌓인 눈〉

　우리의 주위에 흰색 물체는 꽤 많다. 눈과 얼음은 흰색이다. 정월에 사흘 연속하여 흰 눈이 내리면 이를 삼백(三白)이라 하였다. 서설(瑞雪)이라는 말도 있고, 화이트 크리스마스라고 서양 풍습에도 좋은 의미를 담고 있다. 빙하의 색깔은 흰색으로 태양에서 오는 빛을 대부분 반사하여 에너지가 지구에 과도하게 축적되지 못하도록 하고 있다. 과도한 화석 연료의 사용으로 지구온

난화와 기상이변이 초래되어 극지방이나 고산 지역의 빙하가 녹아내려 온난화를 더욱 촉진한다고 보고 있다. 종이의 색깔은 대부분 하얀색이다. 흰 종이를 백지라고 하며 그 위에 검은색의 연필이나 잉크로 글을 쓰거나 그림을 그린다. 백지위임, 백지수표, 백지상태 등에 '백지(白紙)'가 쓰이고 있다. 종이뿐만 아니라 깃발도 흰색이 있는데 좀 유별나다. 백기투항(白旗投降)이란 말에서 보듯이 전쟁 중에 적에게 무조건 항복할 때는 흰 깃발을 들고나갔다. 백색의 십자가는 스위스의 국기이다. 주위 국가에 중립을 지킨다는 의미이다. 여기에서 착안하여 적십자(赤十字)와 녹십자도 생겨났다. 한편 '걷는 또는 이동하는 병원'이라는 뜻의 환자수송용 구급차인 앰뷸런스(ambulance) 자동차는 흰색이다.

   열매의 속 색깔은 보통 흰색이다. 쌀이든, 밀가루든 곡식의 색깔이나, 사과든, 배든 과일의 속 색깔은 대부분 희다. 장단 삼백(長湍 三白)은 임진강 유역의 장단 지방에서 나던 벼, 콩, 인삼의 색깔이 흰 데서 유래된 말이다. 곡식의 껍질은 희지 않더라도 곡식의 속은 대부분 희다. 외부에서 비취는 빛을 흡수하지 않고 대부분 반사해서 희게 보인다. 그렇지 않으면 에너지를 흡수한 낱알이 쉽게 변질(變質)되어 부패한다. 낱알은 함유된 수분이 충분히 제거된 상태로 말려야 썩거나 벌레가 생기지 않고 오래 보관할 수 있다. 수박처럼 속에 색깔이 있거나 수분이 많으면 오래

둘 수 없고 곧 먹어야 한다. 열매는 아니나 우리가 식용하는 것 중에 하얀색이 있는데, 바로 소금이다. 소금을 영어로 salt라고 하고 급료를 salary라고 하는데, 이는 고대 로마 시대에 소금을 군인 등의 급료로 지급한 데서 유래한다고 한다. 소금을 급료로 받은 공무원은 그것을 시장에서 다른 생필품으로 교환해서 썼으리라. 바닷물을 건조해서 만든 소금은 하얗지만, 내륙 산지에서 출토되는 암염은 불순물이 포함되어 있어서 그렇지 못하다. 또 다른 '백색 가루'로 대마초 추출물 등이 있다.

아이보리(ivory) 비누라고 흰색의 비누가 있다. 아이보리는 코끼리의 치아인 상아(象牙)를 의미하는데 둘의 색깔이 비슷하다. 보통 비누의 색깔은 '빨랫비누'에서 보듯이 누런색이다. 별로 깨끗해 보이지 않아 그 '빨랫비누'로 세수하고 싶은 생각이 들지 않아 손빨래하는 데에만 쓴다. 요즘은 세탁기에 세탁물과 하얀 세제를 넣고 스위치만 누르면 된다. 아예 건조까지 되는 세탁기도 있다. 아이보리 비누는 제조 도중에 액체 원료를 혼합하는 과정에서 마이크로미터 크기의 공기 방울을 생기게 하고 굳히면, 고체 비누 내부의 기포(氣泡)에서 빛의 산란이 일어나 흰색으로 보인다. 그 결과 깨끗한 느낌을 주고, 비누에 빈 공기 방울이 들어 있어 비중이 작아 물에 뜨기도 한다. 요즘은 흰색의 비누가 기본이지만, 아이보리 비누가 처음 시장에 나왔을 때 대단한 히트 상품이었다. 영어로 'soap drama'라고 들어 본 적이 있으신가? 요즈음 우리 실정으로 보면, '막장 연속극'이라는 뜻이겠는데, 옛날에 미국 라디오나 TV에서 일일연속극이 방송되기 전후에 비누 광고가 있어서 그런 말이 나왔다고 한다.

회색(灰色, gray)
─나목(裸木)

앞의 절, 삼원색에 대한 글에서 검정, 흰색, 회색을 무채색이라고 했다. 무채색은 채도가 0인 색으로 빛의 세기만을 나타내고 있어서 색이라고 하지 않는 사람도 있다고 했다. 검은색은 물체가 받은 모든 빛을 흡수하여 그 물체에서 나오는 빛이 0(zero)이어서 명도(Intensity)가 0이고, 흰색은 그 물체가 모든 빛을 반사해서 명도가 최대로 높다. 그 중간에 위치하는 색깔이 회색이라고 볼 수 있다. 따라서 명도에 따라 다양한 색깔이 나오고 각 사람이 회색에 대해 느끼는 감정이 다양할 수밖에 없다.

회(灰)는 나무를 태우고 남은 재(ash)를 의미한다. 색깔을 표시할 때 잿빛이라는 말이 있다. 흐린 하늘을 '잿빛 하늘'이라고 한다. 재를 물에 잰 것을 잿물이라고 했다. 옛날에는 비누와 같은 용도로 사용하였다. 한편 광물성 회는 석회(石灰)의 준말로 암석에서 채취하고, 시멘트의 원료로 쓰인다. 한동안 양회(洋灰)라고도 불렀다. 전통적으로 시체를 매장할 때 지하수가 스며들지 못하도록 광물질인 회를 뿌렸다. 중동지방에서도 매장하는 무덤에 회를 뿌린 듯하다. 부정적인 표현으로 '회칠한 무덤'이란 표현이 성경에 나온다.

회색은 '잿빛 하늘'이란 말에서 보듯이 보통 구름 낀 흐린 날을 연상시킨다. 햇빛이 잘 나는 화창한 날에는 하늘의 구름 색깔이 흰색이지만 흐린 날에는 구름에 검은색이 섞여 있어 회색으로 보인다. 대기에 섞여 있는 성분이 구름에서 일부 빛을 흡수하여 흰색으로 보이지 않게 한다. 비나 눈이 쏟아질 듯하면 흰 구름에 먹물을 뿌려놓은 듯 먹구름이 끼고 곧 비나 눈이 쏟아진다.

겨울철에 우리 눈에 보이는 자연의 모습은 무채색이 주류를 이룬다. 늘 푸른 상록수가 있는 산이나 거리에서는 초록색이 보이지만 겨울 풍경에는 대체로 검정, 회색, 흰색 계통이 눈에 띈다. 찬 바람이 불기 시작하면 한여름에 무성하던 초록의 잎은 단풍이 들었다가 다 떨어지고, 나무는 앙상한 가지만 남은 채 산이나 시가지의 찬바람을 맨몸으로 막고 있다. 추운 겨울에 헐벗은 나무는 참으로 을씨년스러운 모습을 보인다. 이런 나무를 우리는 나목(裸木)이라고 부른다. 우리가 1950년대 어려웠던 시절의 이야기를 소설가 박완서는 〈나목〉이라는 소설에서 펼치고 있다. 〈나목〉은 박수근 화백과의 인연을 소재로 쓴 박완서의 등단 작품이다.

> 나는 어머니가 싫고 미웠다. 우선 어머니를 이루고 있는 그 부연 회색이 미웠다. 백발에 듬성듬성 검은 머리가 궁상맞게 섞여서 머리도 회색으로 보였고 입은 옷도 늘 찌든 행주처럼 지쳐빠진 회색이었다. 그러나 무엇보다도 견딜 수 없는 것은 그 회색빛 고집이었다. 마지 못해 죽지 못해 살고 있노라는 생활 태도에서 추호도 물러서려 들지 않는 그 무섭도록 탁탁한 고집.
> ―박완서, 『나목』 제1장 중에서

　전쟁 중에 집에서 포격으로 젊은 두 아들을 잃은 슬픔에서 벗어나지 못하는 어머니의 심상을 작가는 회색으로 표현하고 있다. 소설 곳곳에 '회색빛 벽지', '잿빛 휘장', '부연 그림자', '희게 회칠한 벽' 등의 표현이 등장하여 회색이 당시 사회의 참담함을 묘사하고 있다. 그런 회색 분위기 속에서 주인공은 환상 같은 황홀한 빛을 보고 희망을 간직하고 있다. 다음과 같은 표현이 눈에 띈다.

> 눈 때문에 어둠도 부옇고 어둠 때문에 눈도 부옇고, 고개를 젖히니 하늘도 자욱하니 별빛을 가로막고 암회색으로 막혀 있었다. 나는 명도만 다른 여러 종류의 회색빛에 갇혀서 허우적대듯 걸었다. 아무리 허우적대도 벗어날 길 없는 첩첩한 회색, 그 속에서도 나는 환상과도 같은, 회상과도 같은 황홀한 빛들을 간직하고 있었다.
>
> ─박완서, 『나목』 제10장 중에서

박수근(1914~1965) 화가는 물감을 여러 차례 캔버스에 발라 올려 화강암의 표면 같은 우툴두툴한 재질을 만든 후에 그 위에 단순한 선묘로 대상의 형태를 새겨 넣는 특이한 기법을 개발하여 사용하였다. 묘사 대상으로는 생활 주변의 소재들로 집과 마을, 산과 나무, 여인과 아이들, 시장과 골목 등 다양하지만, '나무 화가'라고 불릴 만큼 나무를 많이 그렸다. 나무는 고목(古木, 枯木)이 많고, 이파리가 달린 나무는 흔치 않다. 아마도 전쟁 중에 도시 전체가 잿더미로 변해 버려 황량하게 된 것과 연관이 있어 보인다. 박완서의 소설 〈나목〉에서는 박수근의 독특한 화풍을 다음과 같이 묘사하고 있다.

> 나는 캔버스 위에서 하나의 나무를 보았다. 섬뜩한 느낌이었다.

> 거의 무채색의 불투명한 부연 화면에 꽃도 잎도 열매도 없는 참담한 모습의 고목(枯木)이 서 있었다. 그뿐이었다.
> 화면 전체가 흑백의 농담으로 마치 모자이크처럼 오톨도톨한 질감을 주는 게 이채로울 뿐 하늘도 땅도 없는 부연 혼돈 속에 고독이 괴물처럼 부유하고 있었다.
>
> ―박완서(1931~2011), 『나목』 제12장 중에서

오늘날 그의 나무 그림 원본 앞에 서게 되면 녹색 기운을 느끼게 된다고 한다. 아마도 그가 밑그림 작업 중에 녹색 물감을 발라 올려 잿빛 아래에 녹색 성분이 있기 때문이리라고 추측된다. 지금은 겨울이라 나무가 황량한 모습이지만 봄이 되면 나뭇가지에 새잎이 돋아나듯이 그때 고생하는 서민들에게 희망이 움트고 있다는 암시인지도 모른다.

소설가 박완서나 화가 박수근은 필자의 아버지 세대 이전에 사시던 분들로 한국에서 격변기를 거치며 참으로 고생하신 분들이다. 소설에서도 화가인 남자는 미군들을 상대로 초상화를 그리고 돈을 벌어 가족을 부양하려고 하고 있다. 전쟁 후 일선에서 태어나고 자란 필자가 들은 바로는 당시에 미군 부대 주변에 여러 직업이 있었는데, 손재주 있는 사람들은 '환쟁이'로서 미군들의 초상화를 그려주고 어려운 시절을 통과했다고 한다. 이북에

서 단신으로 피난 온 젊은이가 환쟁이로 있으면서 주변의 마을에서 예의 바른 규수(閨秀)를 만나 결혼하고 잘 사는 이야기를 어머니에게서 들은 적이 있다.

> 너를 보내는 들판에 마른 바람이 슬프고
> 내가 돌아선 하늘엔 살빛 낮달이 슬퍼라.
> ─백창우, <내 하나의 사랑은 가고>(1984)

이 노래에서 하늘에 떠 있는 낮달의 색깔이 살빛이고, 화자는 슬프다고 노래하고 있다. 낮달의 모습은 보통 하얀색이라고 느끼는데 창백(蒼白)한 얼굴이 연상된다. 아마도 시를 쓴 날의 일기가 흐려서 낮달이 회색으로 보이지 않았을까 생각해 본다. 회색은 우리의 슬픈 감정을 나타낸다.

어려서 미술 시간에 크레용 중에 살빛이라고 불린 색이 있었다. 보통 그 색이 우리의 피부색과는 좀 다른 것 같은데 왜 그렇게 부르는지 의구심이 들었다. 이렇듯 우리의 색감에는 사람에 따라 어딘지 모르게 회색지대(gray area)가 존재한다. 우리는 살빛 즉 피부색으로 인종을 구분하여 부르는데 보통 황인종, 백인종, 흑인종으로 나눈다. 피부에 있는 멜라닌 색소의 양에 따라 피부색이 다르게 나타난다고 한다. 우리는 황인종이라고 하는

데, 실제 피부색 하고는 좀 거리가 있다고 생각한다. 백인들의 피부색도 하얗지 않다. 오히려 우리의 피부가 흰색에 가깝다. 펄벅(Pearl S. Buck, 1892~1973)의 소설에서도 우리나라 선비 얼굴의 색을 희다고 표현한 구절을 옛날에 본 기억이 있다.

개인의 성격에도 매사에 맺고 끊는 게 분명한 사람이 있고, 물에 술 탄 듯이 술에 물 탄 듯이 행동하는 사람이 있다. 자기의 의견이 yes 혹은 no인지 분명하게 호불호를 표시하는 사람이 있고, 항상 유보적인 자세를 취하며 사안을 두고두고 생각하는 사람이 있다. 격변의 시기를 살아온 사람일수록 경험적으로 최종 결정을 쉽게 내리지 않는 것 같다. 양단간에 장단점이 있을 수 있다. 한쪽에서는 경솔하다고 하고, 다른 한쪽에서는 우유부단하다고 한다. 색깔의 관점에서 보면 한쪽은 흑인지 백인지의 결정이 빠르고 모든 사안에 대해 자기 입장을 명확히 밝히는 사람이고, 그 반대쪽에 있는 사람은 항상 회색의 영역에 있는 사람이다. 후자를 경계인이라고 부르기도 한다. 그런 사람을 기회주의자라고 욕하는 사람도 있다. 한국전쟁 후에 남과 북 중에서 하나를 선택하라는 명제 앞에 선뜻 그 결정을 하지 못하는 사람을 그린 문학작품도 있었다.

색즉시공(色卽是空)
—원자는 비어 있다

　한자로 색(色)은 색깔을 뜻하는 의미 외에도 다양한 의미로 쓰이고 있다. 남색, 색골, 색기 등에 성(sex)에 관계되는 말로 '색(色)'이 쓰이고 있다. 또한 지방색, 성깔, 각양각색(各樣各色) 등에 사람의 성격을 규정하는 데도 쓰이고 있다.

　시사적인 말로 색깔론이라고 있다. 예를 들어 붉은색은 정열적이고 육감적인 느낌을 주어서인지 선동적인 정치적인 구호와 함께 사용되어왔다. 레닌의 공산주의 깃발이 빨간색이다. 냉전 시대에는 한동안 오성홍기, 적위대, 빨갱이, 적화통일, 새빨간 거짓말 등 우리에게 부정적인 단어들에 신경을 써야 했다. 그러나 축구 국가대표팀의 유니폼을 붉은색으로 하면서 우리들의 인식에 변화가 왔다. 우리 정당의 색깔에도 붉은 계통의 색을 쓰기 시작했다.

> 색불이공공불이색(色不異空空不異色) 색이 공과 다르지 않고 공이 색과 다르지 않으며
> 색즉시공공즉시색(色卽是空空卽是色) 색이 곧 공이요 공이 곧 색이다.
> —『반야심경(般若心經)』중에서

이것은 『반야심경(般若心經)』 260자 가운데 일부다. 물질적인 세계와 평등하고 무차별한 공(空)의 세계가 다르지 않음을 뜻한다. 인도의 고대어인 산스크리트(Sanskrit)어 곧 한자로 범어(梵語) 원문은 '이 세상에 있어 물질적 현상에는 실체가 없는 것이며, 실체가 없으므로 물질적 현상이 있게 되는 것이다. 실체가 없다고 하더라도 그것은 물질적 현상을 떠나 있지는 않다. 또 물질적 현상은 실체가 없는 것으로부터 떠나서 물질적 현상인 것이 아니다. 이리하여 물질적 현상이란 실체가 없는 것이다. 대개 실체가 없다는 것은 물질적 현상이다.'로 되어 있다. 이 긴 문장을 한역(漢譯)할 때 열여섯 글자로 요약한 것이다. 원어를 한자로 직역을 하면 제대로 된 해석이 안 나온다. 여기서 잊지 말아

야 할 점은 한자로 된 〈반야심경〉 역시 번역본에 불과하다는 것이다. 뭔가 있어 보이지만 그 뭔가가 뭔지를 사람들이 잘 모른다는 게 이 말의 포인트이다.

'색즉시공'이 영화의 제목으로 쓰이면서 본래 의미와 달리 야한 느낌이 들게 일반인에게 알려지게 되었고, 일본 만화 번역판에는 '색깔은 즉 하늘이요 하늘은 즉 색깔이라'라고 번역되어 있는데, 이는 공(空)이란 한자가 일본에서 '하늘'이란 뜻이라서 번역자가 불경을 몰라 생긴 단순한 오역이다. 이 구절에서 색(色)은, 색깔이 아니라 '흔히 생각하는 물질을 포함한 실체가 있는 모든 현상'을 말한다. 일상 언어생활에서 공(空)을 텅 비어 있다는 식으로 쓰고 있어서 흔히 세상을 허무한 것으로 오인하게 만드는 역할을 하기도 한다.

'색'은 물질로 이뤄진 몸인데, 이것이 모두 공(空)하다는 의미다. 공(空)과 무(無)를 혼동하거나 같다고 생각하는 사람들이 많은데, 이것은 엄연히 다른 개념이다. 무(無)란 존재 자체가 없다는 것이고, 공(空)이란 어떤 존재가 실존하는 것처럼 보이지만 실제로는 그 실체가 존재하지 않는다는 뜻이다. 다른 해석으로는 색(色)을 '존재'로, 공(空)을 '변화'로 해석해서, '존재하는 모든 건 변화하며, 변화하기 때문에 존재한다'라고 해석하는 견해도 있다. 그러나 '색즉시공'은 불교 교리에 대해서 잘 모르는 사람들이 흔히 자신의 이론이나 학설 등이 불교적인 심오한 뜻도 가지고 있다는 걸 대중적으로 호소하는 경우로 잘못된 해석이 나오기도 한다. 한자어 색(色)은 물질만을 지칭하는 것이 아닌 물질화되어 펼쳐지는 현상을 뜻하며 공(空)은 물질이 어떤 장소를 점유하지 않는 상태로서의 비어 있다는 개념이 아닌 법공(法空)을 뜻한다고 한다.

모든 물질은 원자로 이루어져 있다. 서양에서 유래된 자연과학은 기원전 4세기 무렵 고대 그리스의 철학자 데모크리토스의 원자론에 기반을 두고 있다. 현대의 원자 모델에 따르면, 통상적인 물질은 대부분 비어 있는 공간으로 이루어져 있다. 원자는 원자핵과 전자로 이루어져 있다고 보는데, 원자의 크기는 대략 10^{-10}m이고 원자핵의 크기는 대략 10^{-15}m로서, 대략 10만 배 정도 차이가 난다. 사실상 원자의 크기에 비해 원자핵과 전자 사이는 엄청난 거리의 공간으로 이루어져 있다. 우리의 주위에 보이는 모든 물체는 태양과 지구 간의 간격보다 훨씬 더 멀리 떨어진 전기를 띤 조그만 입자들의 단순한 집합체로 이루어져 있다. 우리 몸을 이루는 실질적인 물질들인 모든 전자와 원자핵들을 한 덩이로 뭉칠 수만 있다면 우리 몸은 겨우 현미경으로나 볼 수 있는 아주 작은 점으로 줄어들어 버릴 것이다. 지구를 이루고 있는 원자들의 원자핵과 전자들을 뭉쳐 놓으면 아파트 한 채 정도가 된다.

현대 자연과학의 해석대로 공(空)을 에너지로, 색(色)을 물질로 생각한다면 색즉시공의 본뜻에 가까워진다. 아인슈타인의 상대성이론대로 에너지와 물질이 상호변환이 가능하다는 점을 알면, '물질이 곧 에너지요, 에너지가 곧 물질이다.'라는 해석이 가능하다. 이를 원자에 비유해서 설명한다면, 원자 내 비어 있는 공간은 단순히 비어 있는 공간이 아닌 무한한 가능성을 지닌 에너지 집합체로 볼 수 있다.

Dream Spectrum

3장

무지개 색

어린이는 어른의 아버지
—무지개

하늘의 무지개를 보면

나의 마음 뛰어놀아

인생 초년에 그러했고

어른 된 이제 그러하고

늙은 뒤에도 그러하리

不然이면 죽어도 可也라!

어린이는 어른의 아버지

나의 인생의 하루하루가

경건한 自然心에 연결되어지이다.

My heart leap up when I behold

A rainbow in the sky

So was it when my life begin

So be it when I shall grow old,

Or let me die!

The child is father of the man

And I could wish my days to be

Bound each to each by natural piety.

―워즈워스, 최재서 옮김, <바라보면 내 가슴 뛰노나>(A rainbow)

위는 워즈워스의 유명한 시 '무지개'로서 '어린이는 어른의 아버지'라는 구절로 유명하다. 어린이가 자라 어른이 되기에 그런 표현이 당연하겠으나, 소년 시대에 무지개를 보면서 갖게 된 꿈을 평생 동안 등불 삼아 그것을 실현하고자 노력하는 사람의 일생이 아름답다는 이야기일 터이다. 그런 인생은 영롱한 일곱 색깔의 띠로 이 땅끝에서 저 땅끝까지 하늘에 구름다리를 놓는 무지개처럼 아름답고 의미 깊어서 사람의 가슴을 뛰게 하는 근거가 된다. 어린 시절 무지개가 뜨면 친구들과 무지개 끝을 향해 달려갔던 기억이 누구나 있을 것이다. 아마도 무지개가 끝나는 땅에 보물이 묻혀 있다고 생각했으리라. 무지개는 다가갈수록 그 모양을 유지하면서 뒤쪽으로 물러선다. 그러니 그 누구도 무지개의 끝에 도달하지 못할 수밖에 없다. 서양의 고전적인 시가 어울리지 않는다면, 반세기 전에 우리 사회에서 유행했던 경쾌한 번안 가요를 들 수도 있다. 이 노랫말에서도 어릴 적 본 무지개와 꿈을 노래하고 있음을 본다.

> 푸른 잔디에 밝은 태양과 시원한 바람
> 바람도 친구 태양도 친구
> 사랑의 동산 즐거워라, 무지개처럼.
> 아름다운 꿈 노래 부르며
> 모두 쌍쌍이 달콤한 사랑을 즐겁게 노래 부르네.
> ―문정선, <오라 오라 오라>(1971)

　무지개는 하늘에서 태양이 위치한 반대편에 형성되며, 대부분 호(弧) 모양으로 생기지만 원형으로 생길 수도 있다. 대기 중에 물방울이 있고 태양광선이 낮은 위도로 있을 때 무지개 생길 확률이 상대적으로 높으므로 아침에 서쪽 하늘에서 초저녁에는 동쪽 하늘에서 주로 관측된다. 무지개는 실제 물체가 아닌 광학적 환각으로 나타나는 현상이므로 무지개를 좇아간다고 해서 다가갈 수가 없다. 관찰자의 위치로부터 특정 거리에서 생기지 않고 공기 중 물방울들에 의한 빛의 굴절, 반사, 분산 현상에 의해 발생하여 특정 각도에서만 관찰할 수 있다. 따라서 관찰자의 위치에 따라 무지개의 위치는 달라 보일 수도 있다. 무지개는 태양을 등지고 분무기로 물을 뿜어 인공적으로도 만들 수 있다.

무지개는 빛 반사의 횟수, 물방울의 크기 차이 등으로 제1차 무지개, 제2차 무지개, 과잉 무지개, 반사 무지개, 안개 무지개, 수평 무지개 등 여러 종류가 있다.

제1차 무지개(primary rainbow) : 숫무지개라고도 한다. 태양과 관측자를 연결하는 선을 연장한 방향을 중심으로 40~42°에서 나타난다. 안쪽이 보라색, 바깥쪽이 빨간색으로 배열된 햇빛 스펙트럼이라고 보면 된다.

제2차 무지개(secondary rainbow) : 흔히 쌍무지개라 하는 것으로, 물방울 안에서 빛이 두 번 굴절, 반사되어 만들어지며, 흔하지는 않고 가끔 볼 수 있다. 제2차 무지개는 제1차 무지개보다 더 높은 위치인 50~53°에서 나타난다. 쌍무지개는 1차 무지개 바깥쪽에 2차 무지개가 보인다. 이 2차 무지개를 암 무지개라고도 부른다. 색 배열은 안쪽이 빨간색, 바깥쪽이 보라색으로 1차 무지개와 달리 반대 배열로 색상이 나타난다.

과잉 무지개(supernumerary rainbow) : 제1차 무지개의 안쪽과 제2차 무지개의 바깥쪽에 나타나는데, 이것들은 제1차 무지개

및 제2차 무지개를 만드는 물방울로부터 빛의 간섭 현상에 의해서 생긴다고 추정된다.

반사 무지개(reflection rainbow) : 태양이 호수 등 잔잔한 수면에 떠 있는 경우, 광선이 수면에 반사된 다음 물방울에 입사될 때, 제1차 무지개 위에 생기는 같은 크기의 엷은 무지개이다.

안개 무지개(fogbow) : 안개 등 반지름이 30μm(마이크로미터) 보다 작은 물방울의 경우 37~40°의 위치에 나타나며, 테만 엷게 물들어 보이고 폭이 넓은 무지개이다.

수평 무지개(horizontal rainbow) : 수면 위에서 수평면에 줄을 지어서 떠 있는 물방울에 의해서 생긴다. 모양은 태양고도가 42° 또는 51°보다 작은가, 큰가, 같은가에 따라 각각 쌍곡선 모양, 타원 모양, 포물선 모양으로 보인다.

달 무지개(moonbow) : 태양이 아니라 달빛으로도 무지개가 생길 수 있다. 석양이나 일출 근처에 무지개가 생길 경우, 붉은색의 단색 무지개가 생길 수 있다.

한편 지상에서 무지개는 반원만 볼 수 있다. 그러나 공중에서 보면 무지개는 원형이다. 햇빛이 물방울에 비치면 물방울로부터 나오는 빛은 아이스크림콘처럼 원뿔 모양을 이룬다. 원뿔의 뾰족한 점(꼭짓점)을 시선의 위치라고 하면 무지개는 원기둥의 밑

면인 원의 둘레처럼 보이게 된다. 그런데 우리가 보는 무지개의 모양은 무지개가 지면에 가리게 되어 반원처럼 보인다. 그러나 만약 비행기를 타고 높이 올라가서 원뿔의 꼭짓점에서 무지개를 본다면 무지개는 원 모양으로 보일 것이다. 그래서 찌그러진 무지개는 볼 수 없고, 무지개의 옆면이나 뒷면도 볼 수가 없다. 무지개는 항상 정면에서 보인다.

그럼 무지개는 어떻게 생기는 것일까? 무지개의 형성 이유를 과학적으로 규명한 사람은 17세기 프랑스의 과학자요 철학자인 데카르트(Rene Descartes, 1596~1650)였다. 그 이후 대기과학자들에 의해 무지개의 원리가 상세하게 밝혀졌다. 무지개는 대기 중의 물방울에 의해 태양광선이 굴절, 반사, 분산되면서 나타나는 기상학적 현상이다. 태양의 반대쪽에 비가 오면 무지개가 나타날 수 있다. 태양광선이 물방울을 만났을 때 일부 빛은 물방울에서 반사되고 일부는 굴절하게 된다. 태양광은 다양한 파장의 빛을 포함한 백색광이고, 서로 다른 파장의 빛은 각기 다른 각도로 굴절하게 된다. 파장이 길수록 작은 각도로 굴절된다. 즉, 파장이 긴 적색 계열 빛은 작은 굴절 각도를 가지고, 짧은 파장의 청색 계열 빛은 상대적으로 큰 굴절 각도를 가지게 된다. 파장이 짧을수록 더 큰 에너지 혹은 속도를 갖고 있어 더 많이 굴절된다고 보면 된다. 따라서 물방울의 뒷면을 바라보았을 때 백색광이 물방울의 위치에 따라 다양한 색을 가진 스펙트럼으로 분산되어 우리 눈에 보이게 된다. 짧은 파장의 청색 빛은 더 큰 각도로 굴절되어 호(弧)의 안쪽에 보이게 되고, 적색 빛은 호 바깥 부분에 보이게 된다. 이렇게 색깔이 나누어지는 현상을 분광 현상이라고 한다. 무지개는 불연속적인 파장의 빛들로 이루어지지 않고 연속적인 스펙트럼을 가진다. 무지개를 흑백으로 보게 되면 연속적인 색의 그라데이션(gradation)만 보이고 특정 색 밴드는 보이지 않는다. 사람의 눈에 특정한 색으로 구분되어 보이는 이유는 어려서부터 배운 문화적인 학습의 효과에 의한 것으로, 보통 빨강, 주황, 노랑, 초록, 파랑, 남색, 보라색이라고 배웠다.

무지개의 색깔은 진짜 일곱 가지일까? 빛이 여러 색으로 되어 있다고 실험적으로 처음으로 밝혀낸 사람은 뉴턴(Issac Newton, 1642~1727)이다. 그는 빛의 스펙트럼을 프리즘으로 분리하면서 빨주노초파남보 일곱 가지 색으로 나타냈다. 그 후 뉴턴의 기준이 부동의 것으로 되어 버렸다. 그러나 실제로 빛을 분리하면, 100가지 이상의 색을 사람이 구별할 수 있다. 그런데 왜 뉴턴은 일곱 색깔로 무지개를 구분한 것일까? 여러 가지 설명이 있다. 그중 하나는 성경에서 7은 완전수였기 때문이라고 한다. 중세 유럽은 기독교의 절대적인 영향 아래에 있었다. 음악에서 '도레미파솔라시'의 7 음계나 행성을 태양·달·화성·수성·목성·

금성·토성으로 7개로 본 것도 이 때문이다. 요일을 7가지로 나눈 것도 이와 관계된다. 영어로 Sunday, Monday로 시작되는 데에 창안하여 일(日)요일, 월(月)요일을 앞에 놓고 그다음에 화(火), 수(水), 목(木), 금(金), 토(土)를 배치하는데 행성의 순서와 동양의 오(5)행설을 적용한 듯하다. '일월화수목금토'를 요일 이름으로 쓰는 곳은 우리나라와 일본뿐이고, 정작 중국에서는 성기(星期)라는 말을 써서 일요일을 '성기 1일(星期一日)'이라고 표기한다. '성기 2일'은 월요일이 된다. 토요일은 '성기 7일'이 되는 셈이다.

우리 조상은 항렬과 촌수를 무척 따진 듯싶다. 우리 집안에서는 아기가 태어나면 이름에 항렬을 적용해서 작명해 왔는데 항렬자가 할아버지 때부터 흠(欽), 영(永), 형(馨), 희(熙), 신(信), 석(錫)의 순서이다. 각 한자는 오행으로 분류되는데 대개 그 변(邊)이나 받침으로부터 알 수 있다. 위 글자들을 오행으로 풀어보면 '金水土火木'이 되고 다시 금(金)이 나와 오행이 반복된다. 이 순서는 행성의 순서나 요일의 순서와는 다르다. 어릴 때 나의 할아버지께 들은 바에 따르면, 바위(金)에서 물(水)이 나와 흙(土)으로 흘러가고 흙 속에서 불(火)이 나와 나무(木)를 태워 다시 바위 혹은 쇠(金)가 된다.

무지개의 색은 문화권마다 개수가 다르다. 영미권에서는 남색을 제외하고 여섯 가지 색을 쓰는 경우가 있다. 멕시코 원주민인 마야족은 다섯 가지 색으로 보았다. 어떤 문화권은 두, 세 가지 색으로밖에 보지 않는다. 동양에서는 다섯 색깔로 색을 표현하였다. 오색은 문자 그대로 다섯 가지 색이 아니라 우주에 존재할 수 있는 모든 색의 의미이다. 이는 오색영롱(五色玲瓏), 혹은 오색찬란(五色燦爛)이란 말에서 볼 수 있다. 선녀가 타고 내려오는 무지개는 우리 전통에는 '칠색' 무지개가 아니라 '오색' 무지개였다. 동양의 오색은 음양오행설에서 풀어낸 다섯 가지 순수하고 섞음이 없는 기본색이다. 오방색(五方色)이란 오행 사상을 상징하는 색을 말한다. 방(方)이라는 말이 붙은 이유는 각각의 색들이 방위를 뜻하기 때문이다. 파랑은 동쪽, 빨강은 남쪽, 노랑은 중앙, 하양은 서쪽, 검정은 북쪽을 뜻한다. 오색(五色) 혹은 오채(五彩)라고도 불렀다. 오색 중에서 요즘의 시각에서 실제 무지개에서 볼 수 있는 색깔은 빨강, 노랑, 파랑의 셋뿐이다. 무지개를 보며 우리는 색깔의 범주가 문화마다 차이가 있음을 알게 된다. 결론적으로 빛의 스펙트럼을 몇 가지 색이라고 잘라서 나누기는 어렵다.

우리나라에서는 옛날에 무지개 현상을 보고 홍수를 예상했다. 한 가지 예로서 '서쪽에 무지개가 서면 소를 강가에 내 매지 말라'는 속담이 있다. 서쪽 무지개는 동쪽에 태양이 있는 아침나절에 서쪽에 비가 오고 있음을 뜻한다. 그리고 한반도는 편서풍 지대에 속해 있어 대부분 날씨의 변동이 서쪽에서 동쪽으로 이동하기 때문에 비 오는 구역이 점차 동쪽으로 이동하여 자기가 사는 곳까지 비가 올 가능성이 크다. 또 무지개는 소나기에 잘 동반되는데, 소나기는 빗방울이 굵기 때문에 짧은 시간에 많은 양의 비가 내리는 것이 보통이다. 따라서 홍수가 일어나기 쉽고, 홍수로 하천이 범람하여 귀중한 소를 떠내려 보내는 일이 없도록 예고한 것으로 보인다. 이에 반하여 아메리카 인디언들은 무지개가 물을 빨아올리므로 가뭄의 원인이 된다고 생각했다. 중국에서도 무지개는 연못의 물을 빨아올려서 생기는 것으로 생각해 왔다.

 무지개에 얽힌 전설은 수없이 많다. 무지개가 선 곳을 파면 금은보화가 나온다는 전설이 있는 지역도 있다. 예를 들면 아일랜드에서는 금시계가, 그리스에서는 금 열쇠가, 노르웨이에서는 금 항아리와 숟가락이 무지개가 선 곳에 숨겨져 있다고 하였다. 이들 전설의 기원은 아마도 무지개를 동반하는 강한 소나기가 내린 뒤에 흙이 씻겨져 내려가서 아름다운 유물들이 발견된 데서 유래된 것이 아닌가 생각된다. 성서에서는 노아의 홍수 후 신이 다시는 홍수로써 지상의 생물을 멸망시키지 않겠다는 보증의 표시로서 인간에게 무지개를 보여준 것으로 보았다. 그리스 신화에서 무지개는 이리스(Iris)라는 여신이며 제우스의 사자(使者)로 알려져 있다. 이 밖에 여러 민족에 따라 하늘과 땅 사이의 다리(북유럽 신화), 뱀(아메리카 인디언) 등으로 해석하고 있다. 무지개를 타고 뱀이나 용이 물을 마시러 내려온다는 전설은 적지 않다. 동남아시아에서는 무지개를 신령이 지나다니는 다리 또는 사닥다리라고 해석했다.

우리나라에도 선녀(仙女)들이 깊은 산속 물 맑은 계곡에 목욕하러 무지개를 타고 지상으로 내려온다는 전설이 있다. 신라 진지왕은 도화(桃花)라는 부녀자의 아름다움에 반해 버렸다. 왕은 온갖 감언이설로 여인을 꾀었다. 여인은 두 남편을 섬길 수 없다며 왕을 모실 수는 없다고 버텼다. 결국 여인을 품지 못한 왕은 미련을 안고 죽었다. 그런데 그날부터 일주일간 도화녀의 집 지붕에 오색 무지개가 섰다. 무지개를 타고 저승에 가던 진지왕이 미련이 남아 머물다 간 것이란다. 이처럼 우리나라에서도 무지개는 하늘과 땅을 연결해 준다는 믿음이 있었다.

빨강(赤, red)
─대추, 노을, 붉은 꽃, 단풍

저게 저절로 붉어질 리는 없다.

저 안에 태풍 몇 개

저 안에 천둥 몇 개

저 안에 벼락 몇 개

저 안에 번개 몇 개가 들어 있어서

붉게 익히는 것일 게다.

―장석주, <대추 한 알>

   작은 대추 한 알에 모든 걸 담아낸 시인의 관찰력에 놀라움을 금하지 못하겠다. 아주 작고 흔한 과일인 대추는 과일 중에서도 별로 사랑받지 못하는 과일이다. 기껏 제사상이나 삼계탕에서 대접받을까? 그런 대추를 가만히 따져보면 너무나 좋은 것이 많은 과일이다. 제사상은 물론 혼인날 폐백상에도 빠질 수 없다. 또 약방에 감초처럼 한약을 지을 때 꼭 들어간다. 시인이 대추를 보고 느낀 점은 참 남다르다. 작고 보잘 데 없는 과일이지만 대추가 그냥 저절로 붉어질 수 없다고 말한다. 그 작은 대추 한 알도 태풍, 천둥, 벼락과 번개를 다 맛봐야 붉게 익을 수 있다고 본 것이다.

서리 맞은 대추나무라는 말이 있다. 아마도 무슨 바이러스에 전염되어 그렇게 변했을 터인데, 대추나무가 서리를 맞으면 이파리가 이상해지고, 대추 열매를 맺을 수 없다. 나무가 저절로 자라는 것처럼 보여도 비와 공기와 햇볕의 도움이 없으면 자랄 수 없다. 식물이 열매를 어찌 저절로 열리고 익을 수 있게 하겠는가? 벌과 나비 또 바람의 도움으로 수정이 되어야 하지 않는가? 대추로 유명한 충청북도 보은 지방에 '삼복에 비가 오면 시집갈 처녀의 눈물이 비 오듯이 쏟아진다'라는 말이 전해 내려오고 있다고 한다. 대추꽃은 대략 7~8월에 피기 시작해서 삼복과 개화 시기가 겹치는데, 이때 비가 오면 제대로 수분을 맺지 못해 결국 그해 대추 농사는 흉년이 들기 때문이다. 그해 대추 농사가 흉년이 들면 처녀의 시집갈 시기가 늦춰질 수도 있다.

초여름에 열린 대추는 초록색 껍질에 속은 하얗다. 가을이 되면서 초록색 껍질은 붉은색을 띠기 시작하고 단맛이 든다. 가을에 비와 바람이 세차게 오면 견디다 못해 그만 떨어지기도 한다. 붉은색을 띠는 것은 표면을 이루는 물질이 변하고 있다는 이야기이다. 그 물질 이름이 정확히 무엇인지는 몰라도, 햇빛의 스펙트럼에서 다른 성분들은 잘 흡수하나 붉은색은 별로 흡수하지 않고 그대로 반사되어 우리 눈에 붉게 보인다.

우리는 대표적인 붉은 채소로 당근, 일명 홍당무를 꼽는다. 여기서는 카로틴이라는 색소가 당근에 합성되어 축적되는데, 이 물질이 붉은색을 잘 흡수하지 않고 반사하여 당근이 붉은색으로 보인다고 해석하고 있다. 마찬가지로 여름에 초록색이던 나뭇잎이 가을이 되어 일조량이 줄면 낙엽이 되어 떨어지는데, 이 중에서 붉은색 단풍은 엽록소가 변하여 카로틴이 합성되기 때문이라고 해석한다.

차운산 바위 위에 하늘은 멀어

산새가 구슬피 울음 운다.

구름 흘러가는

물길은 칠백 리(七百里)

나그네 긴소매 꽃잎에 젖어

술 익는 강마을의 저녁노을이여

이 밤 자면 저 마을에

꽃은 지리라

다정하고 한 많음도 병인 양하여

달빛 아래 고요히 흔들리며 가노니.

―조지훈, <완화삼(玩花衫)-목월에게>

이 시는 청록파로 알려진 조지훈이 박목월에게 써 보낸 시이다. 제목에도 <완화삼 ―목월에게>라고 되어있다. 어느 날 박목월이 자신의 고향인 경주로 조지훈을 초대하였다. 목월의 초대를 받은 지훈은 경주로 갔고, 그곳에서 두 사람은 문학과 사상과 시국에 대해 많은 이야기를 나누게 된다. 이때 경험했던 목월의 인정과 경주의 풍물이 지훈의 기억에 감명 깊게 남았던지 조지훈은 목월에게 보내는 편지로 완화삼이란 시를 짓게 된다. 이후 박목월은 조지훈의 시에서 '술 익는 강마을의 저녁노을이여'라는 대목을 따 답장으로 '나그네'라는 시를 써 보낸다.

술 익는

마을마다 타는 저녁놀.

구름에 달 가듯이

가는 나그네.
　　―박목월, <나그네>

　두 시의 대표적인 공통 구절을 박목월의 시에서 따오면, '술 익는 마을마다 타는 저녁놀'이다. 술과 노을을 연상시키고 있다. 어느 날 아침, '술 익는 마을'에 '구름에 달 가듯이 가는 나그네'가 들어왔다. 밤을 맞대어 삼백 리 혹은 칠백 리를 걸어가야 하는 나그네는 낮에 곤한 잠을 자고 저녁노을이 질 즈음에 일어나 다시 길을 떠날 채비를 한다. 이때 동네 사내들이 손님인 그 나그네를 그냥 보낼 수 없다. 나그네도 아침에 이 마을에 들어올 때 술이 잘 익어서 나는 냄새를 맡았을 터라 은근히 기대하고 있었을 터이다. 저녁노을 지는 마루에 주안상이 차려지고 마을 사내들과 나그네가 음식과 술잔을 주거니 받거니 할 것이다. 술이 몇 순배 돌고 나면 잘 익은 술 탓에 둘러앉아 있는 사나이들의 얼굴에 홍조(紅潮)가 띠기 시작한다.

　왜 사람의 몸에 술이 들어가면 얼굴이 붉어질까? 생리적인 기제(機制)는 잘 모르겠으나 몸에 혈액 순환이 빨라졌기 때문이 아닐까 생각된다. 우리 인간을 포함한 포유동물의 혈액은 붉다. 혈액이 붉게 보이는 이유는 거기에 헴(heme)이라고 하는 탄소 원자들의 육각형 고리를 갖는 유기화합물이 있기 때문이다. 헴은 헤모글로빈 분자를 이루는 일부분으로서 폐로부터 우리 몸에 산소를 전달하고 적혈구(赤血球)를 붉게 만드는 역할을 한다. 헴은 녹색(G)과 청색(B) 지역의 광자는 잘 흡수하나 적색(R)을 보이는 광자는 흡수하지 못하고, 흡수되지 않은 광자들이 반사되어 우리 눈에 적색으로 감지된다. 이 헴의 분자 구조는 엽록소(chlorophyll) 분자와 원자 배열이 구조적으로 비슷하다. 결국 동물의 먹이가 되는 식물의 주성분인 엽록소가 화학적인 구조 면에서 혈액의 주성분과 비슷해서 동물들 몸에서 섭취 및 소화가 이루어진다. 한편 식물에 있는 엽록소는 우리 눈에 녹색으로 보인다.

일출이나 일몰 시 태양 근처의 하늘은 우리 눈에 붉게 보인다. 노래 '아침이슬'에서도 아침에 태양이 묘지 위에 붉게 타오른다고 했다. 영국의 물리학자 레일리(John Rayleigh, 1842~1919)가 이 현상을 대기 중의 분자들에 의한 빛의 산란으로 설명하였다. 그의 이론에 의하면, 공기 분자 중에서 특히 물방울을 기준으로 할 때 물방울의 지름이 태양 빛의 파장에 비하여 1/10보다 작으면 레일리 산란(Rayleigh scattering)이 발생하고 산란 강도는 파장의 4승에 반비례한다. 따라서 가시광선 중에서 파장이 짧은 청색광이 가장 많이 산란을 일으키고, 파장이 가장 긴 적색광이 가장 적게 산란을 일으킨다. 예를 들면 파장이 350nm인 청색광과 파장이 700nm인 적색광을 비교하면 청색광이 적색광보다 약 16(=2의 4승) 배 더 많이 산란을 일으킨다. 일출이나 일몰 시에는 태양광선이 한낮보다 더 길게 대기층(atmosphere)을 통과한 후 우리 눈에 들어온다. 이 과정에서 산란이 많이 발생하는 청색광 등은 대기를 통과하는 중간에 대부분 공중으로 산란을 일으켜 없어지고 남은 적색광이 우리 눈에 들어와 하늘이 붉게 보인다. 맑은 하늘에서는 청색광이 적색 계통보다 산란을 더 많이 일으켜서 대기 중에 오래 떠돌다가 우리 눈에 들어온다. 그 결과 우리가 먼 하늘을 바라보면 푸르게 청색으로 보인다.

결국 조지훈과 박목월의 시에서는 저녁노을의 햇빛과 술에 벌겋게 취한 사나이들의 얼굴빛을 대비하고 있다고 생각한다. 이러한 광경은 지금부터 약 1세기 전 우리나라 시골의 일반적인 풍경일 터이다. 요즘 도시에서는 낮에 열심히 일하고 기차나 전철을 타고 먼 길을 와서 친구를 만나 전등불 밑에서 고기를 굽고 소주나 맥주를 기울이는 광경이 일반화되어 있다. 이러한 광경은 50여 년 전에도 비슷했을 것이다. 필자의 기억으로는 고등학교 2학년 때 국어 선생님이셨던 김한태 선생님이 아침 첫 시간에 들어오셔서 떠들고 있던 학생들을 조용히 하라고 하신 후 칠판에 작취미성(昨醉未醒)이라고 크게 한자로 쓰시고 머리가 아프다는 표정을 지으셨다. 아마 어제저녁 퇴근길에 한잔하시고 아직

술이 덜 깨신 모양이려니 했다.

이미자의 유명한 노래에서는 저무는 하늘가에 노을이 섧다고 하고 있다.

> 옛날의 이 길은 꽃가마 타고
> 말 탄 임 따라서 시집가던 길
> 여기든가 저기든가 복사꽃 곱게 피어 있던 길
> 한 세상 다하여 돌아가는 길
> 저무는 하늘가에 노을이 섧구나.
> ―이미자, <아씨>(1970)

뭐니 뭐니 해도 우리 주위에서 빨간색을 많이 볼 수 있기는 아름다운 꽃으로부터다. 식물의 잎은 녹색이다. 식물은 꽃을 피우고 벌과 나비들이 모여들어야 수정(受精)이 되고 씨가 맺어져야 다음 세대를 준비하게 된다. 꽃의 색깔은 빨강, 노랑, 흰색이 주이고 간혹 청색이나 보라색도 보인다. 그러나 녹색의 꽃은 거의 없다. 아마도 녹색의 바다 한가운데에서 수정해 줄 동물의 눈에 잘 띄기 위해서 식물은 화려한 색깔의 꽃을 피우나 보다. 붉은 계통의 꽃을 피우는 식물로는 분홍색 달리아, 빨간색이 예쁜 아네모네, 빨강뿐만 아닌 다양한 색상의 튤립(tulip), 빨간 장미, '접시꽃 당신'의 접시꽃, 백일홍(百日紅)이라고도 부르는 배롱나무, 쇠비름 같은 잡초 같지만 예쁜 채송화, 짙은 빨간색의 맨드라미, 손톱 물들이는 데 쓰는 '울 밑에 선' 봉선화, 화려한 색감의 상사화(꽃무릇) 등이 생각난다.

  식물의 녹색 잎도 여름이 한철이고, 찬 바람이 불면 단풍(丹楓)이 든다. 우리말은 단풍의 색깔을 '불그레하다', '불그죽죽하다', '울긋불긋하다' 등 다채로운 형용사로 묘사하고 있다. 겨울철에는 온도가 낮아 광합성을 하기에 적절하지 않으므로 단풍이 드는 현상은 잎들이 알아서 나무에서 이탈하는 과정이라고 이해하고 있다. 어쨌든 RGB 세 가지 빛 중에서 G 성분을 잘 흡수하지 않는 엽록소는 분해되어, 분자 구조의 작은 변화로 R 성분을 흡수하지 않고 반사하는 안토시안(anthocyan)이 생성된다. 그래서 단풍이 우리 눈에 붉게 보인다. 안토시안은 화청소(花靑素)라고 번역하며, 식물의 꽃, 열매, 잎 등에 나타나는 수용성 색소이다. 식물의 종류마다 단풍 빛깔이 다른 것은 이 색소와 공존하고 있는 엽록소나 노란색, 갈색의 색소 성분의 양이 조금씩 다르기 때문이다.

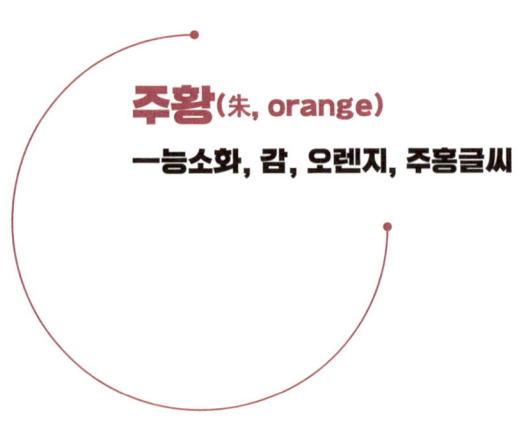

주황(朱, orange)
—능소화, 감, 오렌지, 주홍글씨

　빨간색을 나타내는 한자를 필자가 아는 대로 적어보면, 적(赤), 홍(紅), 주(朱), 단(丹) 등이 있다. 이 중 홍(紅), 주(朱)가 참 모호하다. 필자가 색채 공부를 별도로 하지 않았고 색에 무식하기 때문이다. 분홍(粉紅)은 흰색이 가미된 옅은 빨강 같다. 주홍(朱紅)과 주황(朱黃)이란 말이 있는 것으로 봐서 주(朱)는 빛의 스펙트럼에서 빨강과 노랑의 중간쯤에 있는 오렌지색 같다. 자주(紫朱)라는 말은 우리를 더욱 헷갈리게 한다. 보라색과 주황색의 중간이라는 말인가? 그래서 요즘은 의도적으로 violet을 자주색이라고 하지 않고 보라색이라고 부르나 보다. 한편 도장을 찍는 데에 쓰는 인주(印朱)는 빨간색이다. 여기서는 먼저 꽃과 열매 이야기를 해 보려고 한다.

　여름에 큰길 옆이나 담장에 피어 있는 능소화(凌霄花)를 자주 본다. 어려운 한자어인데 하늘을 능가하는 꽃이란 뜻이다. 중국 원산으로 우리나라 전역에서 심어 기르는 덩굴나무이다. 담쟁이 덩굴처럼 줄기의 마디에 생기는 흡착 뿌리를 건물의 벽이나 다른 물체에 지지하여 타고 오르며 하늘 높은 줄 모르고 자란다. 그래서 이름을 능소화라고 지었나 보다. 꽃나무이기 때문에 잘만 관리해 주면 무럭무럭 자라서 2층 양옥집 높이 혹은 그 이상까지 타고 올라간다. 가지 끝에서 넓은 깔때기 모양의 주황색 꽃이 여름에서 가을에 걸쳐 핀다. 꽃의 색깔은 노란빛이 도는 붉은색으로 명도가 다채롭다. 꽃이 한 번에 흐드러지게 피는 게 아니라 계속 꽃이 지고 나면 또 피고, 또 피고 해서 개화기간 내내 싱싱하게 핀 꽃을 감상할 수 있다. 추위에 약해서 다른 식물보다 좀 늦게 싹이 나오는데, 이것이 양반들의 느긋한 모습과 같다고 양반 나무라는 이름으로도 불렸다. 이 이름 때문에 옛날에는 평민들은 능소화를 함부로 기르지 못했다고 한다. 기르다가 적발되면 즉시 관아로 끌려가서 매를 맞았다는 이야기가 있다.

　다음은 가수 안예은이 능소화를 노래한 것이다. 임금의 승은을 입은 여인이 임금이 다시 오기를 하염없이 기다리다 죽어 능소화가 되었다는 설화를 바탕으로 노래를 지었다고 한다.

> 해가 일백 번을 고꾸라지고
>
> 달이 일백 번을 떠오르는데
>
> 무인 동방(無人洞房) 홀로 어둠이렷다.
>
> 문득 고개를 들면 다시
>
> 해가 일천 번을 고꾸라지고
>
> 달이 일천 번을 떠오르는데
>
> 오신다던 님은 기별이 없다.
>
> 죽어서도 원망하리.
>
> ―안예은, <능소화>

'천안 삼거리' 혹은 '흥타령'이라고 하는 경기민요의 한 구절에 '천안 삼거리 흥, 능수야 버들은 흥'이라는 구절이 나온다. 이 가사 중에서 능수버들이 능소화와 같은 어원이 아닐까 생각해 본다. 버드나무는 우리나라 특산 식물로 들이나 물가에서 자라며 가로수 또는 관상수로 흔히 심는다. 버드나무는 키가 약 20m로 크고 나뭇가지가 길게 늘어져 있어서 능소(凌霄) 버들이라는 말을 붙였다가 이것이 능수버들로 바뀐 것으로 추정된다.

우리의 전통 과일 중에 주황색으로 으뜸가는 게 감이 아닐까 싶다. 감은 우리에게 인기 있는 과일로 배와 함께 우리 과일의 대표를 자랑한다. 감은 쌍떡잎식물로 감나무의 열매로 한자로는

'柿(시)'라고 하는데, 홍시(紅柿)라고 하면 고개가 끄덕여진다. 영어로는 persimmon이라고 한다. 일본어로는 かき(가끼)라고 하는데 일부 서양 언어에서 일본어를 빌려서 적기도 한다. 열매는 주황색이고 껍질엔 광택이 있으며, 만지면 매끄럽다. 완전히 숙성되지 않은 열매는 다 익었어도 단단한 축에 속한다. 단감을 기준으로 해서 가공이나 숙성이 안 된 과육은 달지만 새콤한 맛은 전혀 없으며, 과육의 물기가 그렇게 많지 않아 단단하니 서걱서걱 씹힌다. 단감은 다 익은 채로 먹어도 단맛이 돌아 생으로도 먹을 수 있다. '떫은 감'은 생으로 먹으면 쓴맛이 올라와 숙성/가공해서 먹는다. '떫은 감' 품종으로 홍시, 연시, 반건시로 만들면 내부의 과육이 촉촉하고 부드러워진다. 씨는 약간 크고 납작하며, 반으로 쪼개면 반투명한 흰색의 배젖과 불투명한 흰색의 배가 있는데 모양이 숟가락과 유사하다. 감나무는 너무 추우면 겨울에 얼어 죽으며, 너무 더우면 고열로 인해 나무가 죽을 수 있으며 높은 온도로 인해 과숙(過熟)하면 낙과 피해가 생기는 등 재배 조건이 까다로워서 우리나라에서도 재배 지역이 좁은 편이다. 김해시의 진영 단감, 하동군의 대봉감, 상주, 산청, 함양, 영동의 곶감, 청도 반시가 지리적 표시제에 등록되어 있다. 단감의 최대 생산지는 경남 창원시이고, 그 인근인 진주시, 사천시도 유명한가 보다.

예부터 주택가에서도 감나무를 볼 수 있었다. 오성 이항복의 집에 심은 감나무 가지가 옆집 권율의 집으로 넘어갔을 때 그 감을 권율 집 하인이 못 따게 막자 어린 오성이 권율의 집 창호지 너머로 주먹을 내질러 누구 팔이냐고 한 일화가 유명하다. 도시 한복판의 주택가에서도 감나무를 볼 수 있으며, 감이 익을 무렵에 아파트 단지에서 장대를 들고 다니며 감을 따는 사람도 있었다. 요즘은 가을 되면 열매도 많으나 따 가는 사람이 거의 없다. 옛날에도 울안에 있는 감나무의 감을 몽땅 따지 않고 몇 개는 남겨 두었다고 한다. 이른바 까치밥이다. 어느 날 아침 사는 아파트를 나서는데, 감나무에 감이 달려 있고 새 한 마리가 감나무에서 놀고 있었다. 새가 가지에 앉아서 감을 쪼는데, 몇 개는 감이 그냥 땅으로 떨어졌지만, 마침내 성공하는 걸 보았다. 새가 공복에 아침을 맛있게 드셨네. 그때 여러 번의 시도 끝에 까치가 감을 쪼는 장면 사진을 하나 찍는데 나도 성공하였다. 나도 좋고 새도 좋은 아침이었다. 사실 그 새는 까치가 아니라 요즘 늦은 가을에 감을 먹으러 민가로 내려온 직박구리라고 한다.

감의 종류는 단감과 '떫은 감'으로 두 가지다. 단감은 바로 먹어도 씹히는 맛이 있고, '떫은 감'은 홍시나 연시, 곶감으로 만들어 먹는다. 홍시는 이 없이도 먹을 만큼 부드러우며, 연시는 홍시보다 더 달고 덜 떫은 것이 특징이다. 모양으로 구분하면 작고 동그라니 토마토 모양의 것과 약간 길쭉하여 물방울 뒤집어놓은 모양의 것으로 나뉜다. 이중 후자가 크기가 크며 '대봉감'이라고 불린다. 홍시는 두 종류 모두로 만들 수 있다. 경북 청도군의 특산품인 '반시'는 씨가 없다는 특징이 있는데 이것을 이용해 감을 적절하게 말리는 감말랭이로 만들어 판다. 야생에는 고욤나무가 있다. 작은 감 모양의 열매가 빽빽하게 달리는데 열매인 고욤은 땡감 이상으로 떫다. 고욤나무는 감나무보다 추위에 강하고 씨앗만 뿌려도 잘 자라며 성장이 빠르다. 이 때문에 감나무를 접붙일 때 대목으로 많이 사용한다.

단감과 '떫은 감'을 혼동하는 사람들이 있는데, '떫은 감'이 익으면 단감이 된다는 착각이다. 엄밀히 말해 단감과 '떫은 감'은 다른 품종이다. 열매가 숙성하는 과정에서 떫은맛을 내는 타닌산(tannin) 성분에 변화가 일어나는데, 단감의 경우 본래의 타닌 함량이 적기도 하지만 과실이 숙성함에 따라 타닌이 산화되어 절대적인 양이 줄어들면서 떫은맛이 사라진다. '떫은 감' 품종의 경우 탄닌 함량은 높으나 과실이 숙성하면서 작은 타닌 분자들이 축합 되어 고분자 형태로 변한다. 우리 혀는 이러한 고분자 형태의 타닌은 맛으로 인지하지 못하므로 사람이 먹을 때는 떫은맛을 느낄 수 없다. 즉 단감은 떫은맛을 내는 성분이 줄어들어 단맛이 나게 되는 것이고, '떫은 감'은 성분이 맛을 느끼지 못하는 형태로 바뀌기 때문에 단맛이 나게 되는 것이다. 청도 반시 같은 '떫은 감'의 경우 다 익어서 단맛이 날지라도 여전히 타닌 함량은 높게 나온다. 덜 익은 감(땡감)은 소금물이나 빈 술통 등에 담가서 떫은맛을 빼낼 수 있다.

세계적으로 주황색 과일로 유명한 것이 오렌지(orange)이다. 오렌지는 감귤류에 속하는 열매의 하나로 모양이 둥글고 껍질이 두껍고 즙이 많고 당분과 산(酸)이 들어 있어 상쾌한 맛이 난다. 품종은 발렌시아 오렌지, 네이블 오렌지, 블러드 오렌지로 나뉜다. 인도 원산으로서 히말라야를 거쳐 중국으로 전해져 중국 품종이 되었고, 15세기에 포르투갈로 들어가 발렌시아 오렌지로 전 세계로 퍼져나갔다. 브라질에 전해진 오렌지가 아메리카 대륙 전체로 퍼져나가 네이블 오렌지가 되었다. 발렌시아 오렌지는 세계에서 가장 많이 재배하는 품종으로 즙이 풍부하여 주스로 가공하고, 네이블 오렌지는 미국 캘리포니아 지역에서 재배하는데, 껍질이 얇고 씨가 없으며 밑부분에 배꼽처럼 생긴 꼭지가 있다. 블러드 오렌지는 주로 이탈리아와 스페인에서 재배하며 과육이 붉고 독특한 맛과 향이 난다.

네덜란드 축구 국가대표팀을 오렌지 군단이라고 부른다. 현지에서는 네덜란드 국가대표팀을 '네덜란드의 11인' 또는 국가의 다른 명칭에서 따 '홀란트'라고 부르고, 팀의 공식 코드는 'NED'이다. 네덜란드 역사에서 중요한 역할을 한 오라녜-나사우(Oranje-Nasau) 가문의 이름을 따서 오라녜 군단으로 부르기도 한다. 여기서 오라녜는 영어로 오렌지(orange)이기에 오렌지 군단으로 불리며 가문의 색깔로 오렌지색을 사용하는 것으로 알려져 있다. 네덜란드 축구 국가대표팀은 밝은 주황색 유니폼을 착용하고 있다. 주황색은 네덜란드의 국색이다.

'주홍 글씨(The Scarlet Letter)'라고 미국의 소설가 호손(Nathaniel Hawthorne, 1804~1864)이 1850년 간행한 소설이 있다. 17세기 중엽에 보스턴 근처에서 일어난 간통 사건을 다룬 작품이다. 호손은 매사추세츠주 보스턴 북부의 세일럼에서 영국인의 후손으로 태어났다. 호손의 소설들이 대부분 뉴잉글랜드 청교도를 배경으로 하고 있으며, 그의 '주홍글씨'는 청교도적인 미국의 고전적 초상화가 되었다. 이 소설은 초기 청교도 식민시대인 1650년경의 보스턴을 배경으로 도덕성, 성적인 억압, 죄의식, 고백, 정신적 구원 등에 대한 칼뱅주의적 집착을 중점적으로 다룬다. '주홍글씨'는 뛰어난 구성과 함께 아름다운 문체로 이루어져 있지만 과감하고 심지어는 도발적인 작품이다. 호손은 부드러운 스타일, 현실과 거리가 있는 역사적 배경, 모호함 등을 이용해 암울한 주제를 유연하게 만듦으로써 일반 대중의 비위를 맞췄다.

　소설 '주홍글씨'의 줄거리는 다음과 같다. 영국에서 늙은 의사와 결혼한 헤스터 프린은 남편보다 먼저 미국으로 건너와 살고 있는데, 남편으로부터는 아무런 소식도 없었고 그러는 동안 헤스터는 펄이라는 사생아를 낳는다. 헤스터는 간통한 벌로 공개된 장소에서 주홍색으로 쓰인 'A(adultery)'자를 가슴에 달고 일생을 살라는 형을 선고받는다. 그녀는 간통한 상대의 이름을 밝히지 않는다. 그 상대는 그곳의 고독한 목사 아서 딤스데일이었다. 딤스데일은 양심의 가책에 시달리면서도 사람들에게 죄의 두려움을 설교하는 위선적인 생활을 계속한다. 그는 양심의 가책으로 몸이 점점 쇠약해진다. 뒤늦게 미국에 온 헤스터의 남편 칠링워스는 우연한 기회에 그 상대가 딤스데일이라는 것을 알고, 그의 정신적 고통을 자극하고자 한다. 사건이 발생한 지 7년 후에 새 지사의 취임식 날, 설교를 마친 목사는 처형대에 올라, 헤스터와 펄을 가까이 불러 놓고, 자신의 가슴을 헤쳐 보인다. 그의 가슴에는 'A'자가 있었다. 그는 그 자리에서 죄를 고백하고 쓰러져 죽는다.

　그 소설의 영향으로 사회에서 범죄로 찍히는 낙인을 주홍글씨라고 부르게 되었다. 간통한 사람에게 붙이는 글씨의 색깔이 소설 제목에는 scarlet이라고 되어 있는데, 우리말에는 주홍으로 번역되어 있다. 영한사전을 찾아보면, scarlet은 진홍색 혹은 진분홍빛이라고 되어 있고 추기경(cardinal)이나 영국의 판사, 육군 장교가 입는 제복의 색깔이라고 한다. scarlet hat은 추기경의 모자나 지위를 뜻한다. scarlet이란 단어는 violet과 많이 혼동된다. violet은 제비꽃, 보라색, 청자색으로 번역된다. 심지어는 영어로 scarlet, violet을 자주색(紫朱色)으로 번역되는 purple과도 혼동되는 경우가 많다. 문학평론가 김윤식은 자서전적 에세이집 '내가 살아온 20세기 문학과 사상'에서 어려서 들녘에서 본 제비꽃의 색깔과 더 커서 본 마산의 쪽빛 바다를 같은 색깔로 인식하고 자신의 정신세계를 분석하고 있다. 그리고 영어 단어 scarlet과 purple을 추기경이나 왕자의 품격을 나타내는 royal color라고 말하고 심홍빛, 자줏빛, 쪽빛을 같은 범주로 해석하고 있다. 이 점에 대해서는 뒤에서 다시 논의하기로 한다.

노랑(黃, yellow)
—개나리, 민들레, 해바라기, 국화, 은행잎

나리 나리 개나리

잎에 따다 물고요

병아리 떼 쫑쫑쫑

봄나들이 갑니다.

―윤석중, <봄나들이>

이 동요는 1930년대 전반기에 발표된 이후 오늘날까지 애창되고 있다. 4분의 2박자 8마디로 되어있으며, 리듬은 매우 율동적이다. 개나리가 피어 있는 따뜻한 봄날에 노란 병아리들이 어미 닭을 따라가는 모습이 정겹다. 이렇게 어미를 쫓아가는 노란

병아리의 모습에서 병아리는 어린이를 상징하게 된 것 같고, 오늘날 유치원의 통학버스는 대부분 노란색이다. 노란색은 보호하거나 주의해야 하는 대상이 되었다. 교통신호등에서 노란색은 '주의(注意) 신호'이다. 한편 영어 amber는 광물 호박(琥珀)이라는 뜻이나 색채어로 yellow, brown과 같은 황색을 의미한다.

역시 봄에는 노란 꽃이 제격이다. 추운 겨울이 지나고 따뜻한 봄바람이 불어오면 노랗게 수선화와 개나리가 피고 노란색을 비롯한 여러 가지 색상의 튤립이 봄이 한창임을 알려준다. 산에는 노란 산수유가 피어 있다. 들에는 노란 유채꽃이 흐드러지게 피어 있다. 정원에 새싹이 돋아 올라올 무렵에는 노란 민들레가 핀다. 민들레는 척박한 곳보다는 비옥한 토양에서 잘 살기 때문에 경작지, 정원, 잔디밭 등 사람들 손길이 미치는 볕이 잘 드는 장소에 주로 살아난다. 들판에 흔히 보이는 민들레는 20세기 초에 유럽에서 도입된 '서양 민들레'이고, 우리 고유의 민들레는 좀처럼 만나기 어렵다. 봄에 민들레 어린 잎은 나물로 먹기도 한다.

민들레꽃은 4, 5월에 노란색으로 피고 잎과 길이가 비슷한 꽃대 끝에 두상화(頭狀花)가 1개 달린다. 두상화란 꽃대 끝에 꽃자루가 없는 작은 통꽃이 많이 모여 피어 머리 모양을 이룬 꽃이다. 꽃송이는 여러 개의 혀 꽃으로 구성되어 있다. 민들레는 주로 곤충에 의해 꽃가루받이를 하는 식물이지만 서양 민들레는

자가수정(自家受精) 또는 수정과 상관없는 단위생식을 하여 번식력이 강하다. 여러 개의 열매는 꽃줄기 끝에 촘촘히 달리며 갈색이 돌고 긴 타원 모양이며 윗부분에 가시 같은 돌기가 있다. 열매 위쪽에 긴 자루가 있고 그 끝에 여러 개의 연한 백색의 갓털이 우산 모양으로 둥글게 달린다. 열매를 매달고 있는 갓털이 바람에 날려 먼 땅에 떨어지면 다음 해에 그곳에 민들레가 자라게 된다. 이 하얀 갓털을 민들레 홀씨라고 부르는데, 엄밀하게 보면 홀씨가 아니고 완전한 씨앗을 품고 있다. 이 갓털이 사람의 머리에서 떨어지는 비듬(dandruff)을 닮고 꽃의 모양이 사자(lion)의 얼굴을 닮았다고 해서 영어로 민들레를 dandelion이라고 부르는 것 같다.

 기온이 올라 여름이 되면 노란 금계국, 메리골드(천수국), 금잔화가 피고, 들에는 해바라기 꽃이 연병장에 도열(堵列)해 있는 병사들처럼 일제히 태양을 향해 서서 자란다. 우리말에서 '해바라기'는 명사 '해' + 용언 어간 '바라–' + 명사형 어미 '–기'에서 왔다. 옛말 '바라다'에는 '바라보다'라는 뜻도 있다. 다른 언어에서도 해바라기는 '태양'이라는 뜻을 가진 형태소가 포함된 복합어로 나타난다. 일본어로 ひまわり는 해를 의미하는 ひ에 '돌다'라는 의미의 まわる의 명사형이 붙은 것이다. 영어 sunflower는 sun(해)과 flower(꽃)의 합성어이다. 독일어로 Sonnenblume는

Sonne(해)와 Blume(꽃)의 합성어이다. 중국어로 朝阳花는 아침 해와 꽃의 합성어이다. 세계적으로 이름에 '해'이라는 말이 들어가는 꽃이라 하루 내내 해를 바라본다고 많은 사람이 알고 있으나 이는 잘못된 상식이다. 봉오리를 피우는 영양소 합성을 위해 봉오리가 피기 전까지만 해를 향하여 방향을 바꾸는 것이며, 꽃이 핀 후엔 그냥 그대로 있다고 한다. 꽃에는 광합성 기능이 없으니 당연히 주광성(走光性)이 없다. 식물에서 광합성을 담당하는 엽록소는 모두 녹색을 띤다. 이런 특성 때문에 능력도 없으면서 힘 있는 윗사람만 바라보며 아부하는 사람을 해바라기에 비유한다. 또 일편단심(一片丹心)으로 한 사람만을 죽도록 사랑하는 사람을 해바라기에 비유하기도 한다. '일편단심, 민들레'라는 노랫말도 있듯이 노란색은 신의의 상징 같다.

해바라기는 나무가 아님에도 불구하고 키가 상당히 크다. 줄기에 어긋나게 나는 길쭉한 하트형 잎은 잎자루가 길며 8~9월경에 피는 지름 20cm 정도의 꽃이 가지 끝에 1개씩 달린다. 중심부의 통꽃들은 갈색이며 통꽃들 주변의 꽃잎처럼 보이는 혀꽃들은 노란색이다. 일반적으로 꽃이라 인식되는 부분은 일종의 얼굴마담이고 실은 수십 개의 작은 꽃들이 모여 있다. 해바라기 씨앗은 꽃 바깥쪽부터 안쪽으로 익는데, 기름을 짜거나 식용으로 쓰인다. 수천 개의 꽃이 모인 꽃인 만큼 꿀도 많아서 벌이 자주 모이고 실제로 해바라기 꿀이 있다. 해바라기유는 러시아 등에서 요리에 중요한 식용유이다. 해바라기는 과거 소련의 국화(國花)였으나 소련 해체 후 러시아의 국화는 캐모마일(chamomile)로 바뀌었다. 해바라기는 현재 우크라이나의 국화이다. 해바라기는 희망의 상징으로 쓰이고 있다. 우크라이나는 세계에 식물성 기름의 원료를 제공하는 나라로 유명하다. 봄에 피는 노란색 꽃인 유채꽃 씨앗도 식용유로 만들어 쓰는데, 대표적으로 카놀라유가 있다. 중국인들도 식물의 씨에서 추출한 기름을 음식을 볶을 때 식용유로 쓴다.

해바라기 씨는 간식으로 흔하게 먹는데, 미국의 야구 선수들이 경기 중 즐기는 간식이기도 하다. 해바라기 씨는 사람 외에 동물들도 좋아하고 특히 애완동물 중에는 햄스터가 무척 좋아한다. 그 외 다람쥐나 앵무새 등을 애완동물로 키울 때 간식으로 주면 좋아한다. 전통적으로 우리나라에서는 호박씨를 간식으로 먹었다. '뒤로 호박씨 깐다'라는 은어도 있고 '호박씨 까서 한입에 털어 넣는다'라는 속담도 있다. 호박은 우리 생활 속담에 많이 쓰이고 있다. '호박에 말뚝 박기', '호박이 넝쿨째 굴러 떨어졌다' 등의 속담에서 보인다. 엄연히 호박꽃도 노란색을 내는 꽃이다.

찬 바람이 불면 노란색 국화가 펴서 한 해가 다 갔음을 알려준다. 늦가을의 정취를 가장 잘 나타내는 꽃은 국화(菊花,

chrysanthemum)이다. 영어로 국화는 금빛의 꽃이라는 뜻이다. 역시 국화는 노란색이 제격이다. 국화는 관상용으로 널리 재배하며, 많은 원예 품종이 있다. 보통 여러해살이풀로 높이 1m 정도로 줄기 밑부분이 목질화하며, 겨울이면 줄기는 말라 죽고 뿌리로 월동한다. 꽃은 노란색 이외에 흰색, 빨간색, 보라색 등 품종에 따라 다양하고 크기나 모양도 품종에 따라 다르다. 꽃송이 크기에 따라서 대국(大菊), 중국(中菊), 소국(小菊)으로 나눈다. 대국은 꽃의 지름이 18cm 이상 되는 것으로 흔히 재배하는 종류이며, 소국은 꽃잎의 형태도 여러 가지이고, 꽃 색도 다양해서 분재용으로 적당하다. 꽃이 피는 시기에 따라 하국(夏菊), 추국(秋菊), 동국(冬菊)으로 나눈다. 자연 조건에서 하국은 5~6월, 추국은 10~11월, 동국은 12월 이후, 꽃이 핀다. 국화는 동양에서 재배하는 관상식물 중 가장 역사가 오랜 꽃이며, 사군자의 하나로 귀히 여겨왔다. 우리나라에 자생하는 야생 국화로 산국, 산국과 비슷한 감국, 양지바른 산지에서 자라는 뇌향 국화, 산과 들에서 자라는 구절초, 바닷가에서 자라는 갯국화 등이 있다.

역시 가을의 정취는 샛노란 은행잎에서 느낄 수 있다. 파란 은행잎이 가을이 되면 잎의 엽록소가 분해되어 엽황소(葉黃素), 영어로 잔토필(xanthophyll)이라는 색소가 주가 되기 때문이다. 낙엽의 색깔이 노란색으로 보이는 이유이다. 잔토필은 일명 루테인(lutein)이라고도 하며, 생물계에 널리 분포하고 있고 카로텐류의 산소화에 의해 생성된다. 식물에는 푸른 잎 속에 엽록소와 함께 다량으로 함유되어 있다. 동물에도 예를 들면 난황의 색소로서 존재하는데, 달걀노른자가 노랗게 보이는 이유이기도 하다.

은행나무는 암수의 구분이 있다. 암나무는 수나무에서 날아온 꽃가루가 있어야만 열매를 맺는다. 은행나무는 나무에 열매가 열리는가로 암수를 감별해 왔는데, 묘목으로는 암수 감별이 어려웠다. 그러나 최근에 수나무에만 있는 유전자를 발견해서 묘목의 암수 감별이 가능해졌다. 농가에는 은행 채집이 가능한 암나무를, 거리에는 악취가 풍기지 않는 수나무를 심을 수 있게 되었다. 열매인 은행은 공 모양같이 생기고 10월에 황색으로 익는다. 열매가 살구 비슷하게 생겼다 하여 살구 행(杏)자와 중과피가 희다 하여 은빛의 은(銀)자를 합하여 은행(銀杏)이라는 이름이 생겼다. 바깥 껍질에서는 악취가 나고 피부에 닿으면 염증을 일으킬 수 있다. 가을철에 아파트 내에 있는 은행나무 밑에서 비교적 굵은 열매를 집게로 주워서 집으로 가져와 화장실에서 냄새나는 겉껍질을 까 버리고 씻어서 알맹이를 냉장고에 넣어 두었다가 추운 겨울철에 마이크로 오븐에 구워 먹으면 맛이 일품이다.

우리는 피부색으로 인종을 구분하여 황인종, 백인종, 흑인종으로 나눈다. 우리는 황인종인데, 동양인을 경계하는 말에 황색을 포함하는 말이 존재한다. '황금(黃金) 보기를 돌같이 하라'고 선현(先賢)이 말씀하셨다. 금의 색깔이 노란색이어서 황금이라 부르는 것 같고 돈이나 지위를 너무 탐하지 말라는 말씀이겠다. 황색신문(yellow paper) 등에서 쓰는 황색의 의미는 병아리, 개나리, 민들레, 국화, 황금 등에서 쓰는 이미지와는 딴판이다. 우리 언어 습관에서도 일이 잘못되면 '황(黃) 되었다'라고 말한다. 간 기능에 문제가 있어서 황달이 걸리면 얼굴이 노랗게 보인다. 일이 잘 안 풀리면 '앞날이 노랗다,' '얼굴이 노래졌다,' 등으로 노란색으로 묘사한다. 노란색의 부정적인 의미를 포함하는 말들이다.

초록(綠, green)
─시인의 초록, 과학자의 초록

초여름 오전 호남선 열차를 타고
창밖으로 마흔두 개의 초록을 만난다.
둥근 초록, 단단한 초록, 퍼져 있는 초록 사이,
얼굴 작은 초록, 초록 아닌 것 같은 초록,
머리 헹구는 초록과 껴안는 초록이 두루 엉겨
왁자한 햇살의 장터가 축제로 이어지고
젊은 초록은 늙은 초록을 부축하며 나온다.
그리운 내 강산에서 온 힘을 모아 통정하는
햇살 아래 모든 몸이 전혀 부끄럽지 않다.
물 마시고도 다스려지지 않는 목마름까지

초록으로 색을 보인다. 흥청거리는 더위.

―마종기, <마흔두 개의 초록>

시인의 초록:
시인은 왜 하필 '마흔두 개'의 초록을 말했을까?

시 <마흔두 개의 초록>은 의사의 직업을 갖고 평생 시를 써 온 마종기 시인의 시이다. 시인이 가장 최근에 발표한 시집 <마흔두 개의 초록>의 표제시이다. 미국에서 활동해 온 시인은 오랜만에 고국을 방문하여 전라도행 기차를 타고 가고 있다. 첫 행에 '초여름 오전'이라는 구절이 있고 양파를 캘 때이니까 유월 중순쯤으로 추정된다. 시인은 온통 초록으로 둘러싸인 우리 강산을 보며, 신록예찬(新綠禮讚)을 하고 있다.

이른 봄에 꽃부터 피고 이제 녹색으로 변해 버린 개나리, 진달래, 벚나무, 목련을 시인은 보았는지 모른다. 아마도 시인은 향기로운 냄새를 풍기는 꽃은 지고 이제는 짙은 녹색으로 변한 라일락을 보았을 것 같다. 농부의 구슬땀이 일궈낸 양파, 쪽파, 대파, 마늘도 눈에 띄었을 것이다. 그는 아마도 싱그러운 고추, 상추, 쑥갓, 아욱, 미나리, 고수, 부추, 생강, 시금치, 머위, 취나물

같은 채소를 보았을 것이다. 오이, 참외, 수박, 토마토, 딸기, 복분자 같은 열매를 주는 초록 식물도 있었을 것이다. 수수, 옥수수도 있고, 강낭콩, 녹두, 동부, 팥 같은 각종 콩도 있겠고, 모내기 끝난 논에는 벼들이 잘 자라고 있을 것이다. 소나무, 이팝나무, 플라타너스, 두릅나무, 노간주나무, 밤나무, 대추나무, 엄나무, 뽕나무, 미루나무, 오리나무, 살구나무, 복숭아나무 등 나름대로 키가 크다고 뽐내는 각종 나무도 초록빛의 잎들을 내고 있을 것이다. 이렇게 가짓수를 세어보니 유월에 초록을 자랑하는 식물이 마흔두 개를 훌쩍 넘는다. 그런데 왜 시인은 마흔두 개의 초록이라고 했을까? 이러한 의문은 워즈워스의 다음 시를 읽고서 풀어졌다.

> 수탉은 꼬끼오,
> 시냇물은 졸졸 흐르고,
> 작은 새들은 짹짹거린다.
> 호수는 번쩍거리고,
> 푸른 들판은 햇볕에 졸고
> 늙은이와 어린아이
> 힘센 자와 같이 일을 하네
> 소들은 풀을 뜯으며,

고개 한 번 쳐들지 않네

마흔 마리가 한 마리같이!

The cock is crowing,

The stream is flowing,

The small birds twitter,

The lake doth glitter,

The green field sleeps in the sun;

The oldest and youngest

Are at work with the strongest;

The cattle are grazing,

Their heads never raising;

There are forty feeding like one!

―윌리엄 워즈워스, <3월에 쓰다(Written in March)>

워즈워스는 잉글랜드 호수 지방의 아름다운 코커머스에서 다섯 형제 중 둘째로 태어났다. 시인의 누이동생 일기에 따르면 이 작품은 1802년 4월 16일에 쓰인 것이다. '우리가 브라더즈 워터에 당도했을 때, 나는 다리 위에 앉아 있는 윌리엄을 두고 그의 곁을 떠났다. 돌아와 보니 윌리엄은 우리가 보고 들었던 광경을 묘사하는 시를 쓰고 있었다. 시냇물이 부드럽게 흐르고 있었고,

생기 찬 호수가 반짝이고 있었다. 뒤쪽엔 평평한 목장에서 마흔두 마리의 소가 풀을 뜯고 있었다. 오빠는 커크 스톤 기슭에 당도하기 전에 작품을 끝냈다.' 이렇게 누이동생의 일기에 기록되어 있다고 한다. 초봄의 전원풍경을 눈에 보이는 대로 또 귀에 들리는 대로 적고 있는 이 시는 여행 중에 다리 위에서 쉬는 동안 즉흥적으로 적은 시다. 그래서 '브라더즈 워터 다리 위에서 쉬는 사이에'라고 이 시에 부제가 달려 있다.

그러나 아마도 워즈워스는 초고에 적지 않게 손을 보았을 것이다. 그중에서 숫자에 관한 손질이 필자의 눈에 들어온다. 그의 누이동생의 증언이 사실이라면 이 시는 표제를 '4월에 쓰다'라고 해야 할 것이다. 또 목장에 있던 소의 숫자는 마흔두(forty two)마리라고 누이동생은 기록했는데, 시인은 마흔(forty)이라고 했다. 아마 운이나 호흡을 맞추기 위해 고치지 않았나 싶다. 이러한 뒷이야기를 인지하고 있는 마종기 시인이 〈마흔두 개의 초록〉이라고 시제를 정하고 시집의 이름으로 표현하지 않았나 싶다. 가족 친지들이 있는 고국을 오래간만에 방문한 시인이 워즈워스 시인 오누이의 추억을 떠올리고 워즈워스가 고쳐 쓴 40이 아닌 여동생이 남긴 42를 살려서 시로 표현했을 듯싶다.

과학자의 초록: 식물의 잎은 왜 녹색으로 보일까?

필자가 처음으로 마종기 시인의 시집을 대했을 때 초록이 영어로 'abstract,' 한자어로 '抄錄'인가 했다. 시인도 자연과학인 의학을 전공했고 미국 대학에서 교수였으니까 자연과학 논문의 앞부분에 나오는 요약인 초록에 관한 내용이 아닐까 생각했다. 더구나 42라는 숫자가 나오니까 학회 논문집에 42편의 논문이 있다는 얘기인가 했다. 아니면 자신이 평생 42편의 논문을 썼다는 말인가? 그러나 시를 읽으면서 그 초록이 영어로 'green'임을 금방 알게 되었다.

식물의 잎은 우리 눈에 왜 녹색으로 보일까를 생각해 본다. 이는 식물의 엽록소가 태양으로부터 받는 빛 중에서 적색(R)과 청색(B)은 잘 흡수하는데, 녹색(G)은 흡수하지 않고 밖으로 반사하기 때문이다. 식물은 적색이나 청색 빛의 광자가 갖는 에너지를 흡수하여 탄소동화작용에 필요한 에너지로 사용한다. 적색이나 청색 계통의 빛은 좋아하지만, 녹색 빛은 싫어하는가 보다. 간혹 제비꽃 같은 몇 식물은 에너지가 큰 보라색의 빛을 별로 흡수하지 않고 그냥 반사기도 한다.

초록(草綠)은 '풀 초'에 '초록빛 녹'의 합성어이다. '초록은 동색(同色)'이라는 말이 있다. 풀빛과 초록색은 같다, 혹은 어울려 같이 다니는 것들은 모두 같은 성격의 무리라는 뜻이다. 같은 녹색이라고는 해도 식물마다 우리 눈에는 조금씩 색도가 다르다. 마종기의 시에서 나오는 마흔두 개의 식물마다 느끼는 색깔이 미묘하게 다를지라도 모두 그냥 초록이라고 부르자는 말일 것이다. 시인도 그의 시에서 마흔두 개 식물의 크기나 모양새는 자세히 묘사해도, 색깔은 모두 뭉뚱그려 초록이라고 표현하고 있다.

콩 중에 녹두(綠豆)라는 품종이 있다. 녹두는 키 30~80cm로 꽃은 노란색으로 8월에 피며 잎겨드랑이에 3~4쌍의 열매를 맺는다. 열매 꼬투리는 처음에는 녹색이지만 익으면 검은 갈색이다. 길이 5~6cm의 꼬투리에 10~15개의 녹두 알이 들어 있다. 한말의 농민운동가 전봉준의 별명이 녹두장군인 이유는 그의 작은 체구에서 유래한다는 말이 있다. 녹두 알은 대부분 녹색이고 일반 콩보다 크기가 아주 작다. 익으면 꼬투리가 벌어져 종자가 튀기 쉬우므로 녹색으로 있다가 검어지면 몇 번에 나누어서 꼬투리를 손으로 따서 햇볕에 말린다. 녹두 알은 건조에는 강하나 습기가 많은 상태에는 약하다. 수확기에 비가 오면 수확 못 한 꼬투리 속의 녹두 알이 썩어서 버려야 한다.

우리는 녹두로 만든 음식을 별미로 즐긴다. 청포(녹두묵), 빈대떡, 떡고물, 녹두차, 녹두죽, 숙주나물 등으로 먹는다. 녹두 속은 흰색인데 녹두 알이 작아서 껍질을 벗기지 않고 통째로 갈아 녹두전 등을 부쳐 먹는데 이게 신의 한 수가 아닌가 생각된다. 우리 입맛에 쏙 드는 이유는 녹두 껍질이 녹색인 점과 관련이 있다고 생각한다. 쌉싸름한 맛이 녹색의 껍질에서 왔다고 생각한다. 그 덕에 광장시장의 빈대떡집에 사람들이 몰리고 주인 아주머니의 장사가 잘되나 보다.

쿠바의 초록: 관타나메라

필자가 중고등학생 시절에 라디오나 TV에서 자주 듣던 외국 노래 중에 '관타나메라'가 있다. 이 노래에 자주 반복되는 구절이 마치 '관 달아매라'로 들려 지금도 기억하고 있다. 이번 기회에 친구들과 인터넷을 통해 알아보니 '관타나메라'는 '관타나모에서 온 여인'이라는 뜻이고, 관타나모는 쿠바의 한 지방 명칭인데, 미국-에스파냐 전쟁의 결과 1903년 이래 관타나모만은 미국의 해군기지가 되어 쿠바령이면서 미국이 주권을 행사하고 있는 곳이라고 한다. 1928년 쿠바의 디아스(Jose Fernandes Dias)가 이 노래를 작곡했고, 가사는 저명한 쿠바의 시인인 마르티(Jose Marti)의 시에서 따왔다고 한다. 마르티는 우리나라의 윤동주와 같은 저항 시인으로 알려져 있는데, 젊어서는 스페인에서 다년간 고

생했고 장년에는 미국 뉴욕에서 저널리스트로 활동했다고 한다. 마르티의 명성으로 이 노래는 자연스레 쿠바의 민요로 자리 잡게 되었다. 쿠바의 수도인 아바나(Habana)의 국제공항 명칭이 그의 이름에서 따왔을 정도로 쿠바가 아끼는 국민 영웅이다.

관타나모의 아가씨여

쾌활한 관타나모의 아가씨여

관타나모의 아가씨여

쾌활한 관타나모의 아가씨여

나의 시는 마치 엷은 녹색,

그리고 불붙은 심홍색 같아.

나의 시는 한 마리 다친 사슴이오

산에서 피난처를 찾고 있는.

Guantanamera

Guajira Guantanamera

Guantanamera

Guajira Guantanamera

Mi verso es un verde claro

Y de un carmin encendido

Mi verso es un verde claro

Y de un carmin encendido

Mi verso es un ciervo herido

Que busca en el monte amparo

호세 마르티, <관타나메라>

이 노래가 세계적으로 알려진 건 1966년 미국 보컬 그룹 샌드파이퍼(sandpipers)가 리메이크하면서부터였다고 한다. 그래서 내 귀에 익었었나 보다. 'Guantanamera~'가 4번 반복되고 그 뒤에 마르티의 4개의 다른 시에서 일부분을 가져온 가사를 붙였다고 한다. 노래에 자주 나오는 구절인 Guantanamera는 중독성을 주려 한 듯하니, 이 부분은 번역하지 않고 그대로 음미하는 게 좋을 듯하다고 멕시코시티에서 다년간 거주하고 있는 내 친구는 전했다. 이 중에서 특히 필자의 눈길을 끈 것은 2절의 가사이다.

마르티의 시상(詩想)에 따르면 그의 시는 엷은 녹색(light green)이나 수박 속처럼 시뻘건 칼민 색깔이고, 산에서 피난처를 찾고 있는 한 마리 상처 입은 사슴 같다고 한다. 이 노래의 1절에 보면 'Yo soy un hombre sincero/ De donde crece la palma. (나는 야자수가 자라는 곳에서 온 진실한 남자입니다)'라고 자신을 소개하고, 노래 뒷 절에서는 'El arroyo de la sierra/ Me complace mas que el mar. (산의 실개천이 바다보다/ 나를 더 기쁘게 해요)'라고 나온다. 색감으로 마르티의 정신세계를 분석해 보면, 그는 빛의 삼원색 RGB 중에서 빨강(R)과 녹색(G)은 좋아했으나 바다 색깔인 청색(B)은 별로 좋아하지 않았나 본다.

미국 동부 뉴잉글랜드 지방에 버몬트 주(State of Vermont)가 있다. 주 이름은 프랑스어로 '푸른 산'을 뜻하는 'les Verts Monts(레 베르 몽)'에서 유래하며, 버몬트주의 가운데를 지나는 산맥 이름이 Green Mountains이다. 따라서 주의 별명도 The Green Mountain State이다. 주의 수도는 몬트필리어(Montpelier)로 프랑스의 남부에 있는 도시명인 몽펠리에와 유사하다. 주의 북쪽으로는 지금도 프랑스어를 쓴다는 캐나다의 퀘벡 주와 국경을 접하며, 영국 지명 냄새가 물씬 풍기는 뉴욕(New York)주와 뉴햄프셔(New Hampshire) 주에 동서로 끼어 있고, 남쪽으로는 인디언 부족장의 이름을 땄다는 매사추세츠(Massachusetts) 주와 접해 있다. 원래 프랑스가 먼저 개척하여 권리를 주장했지만, 영국과의 전쟁에서 프랑스가 패배한 뒤 영국의 소유가 되었다가, 1791년 미국의 14번째 주로 편입되었다. 버몬트주는 이름에 나타나듯이 여름에는 수려한 수목으로, 가을에는 멋진 단풍으로 유명하다.

녹색의 산 이름은 중국 당나라 현종 때, 더 유명하게는 양귀비 시절의 장수 안녹산(安祿山)의 이름이 생각난다. 그런데 그의 이름에 영어로 green을 뜻하는 녹(綠) 자(字)는 없다. 조금 다른 글자이다. 우리말에 상록수(常綠樹)라고 있다. 순우리말로 '늘 푸른 나무'라고 부르기도 한다. 심훈의 농촌계몽소설 이름이기도 하다. 소설 속 실제 주인공의 활동 무대가 지금의 경기도 안산시라고 알려져 있고, 지하철 4호선의 역 이름에 상록수역이라고 있고, 안산시에는 상록구라는 구(區)가 있다. 쿠바와 같은 열대지방에서는 초목이 사시사철 푸르지만, 우리 같은 온대지방에서는 여름에는 초목이 푸르나 겨울이 되면, 활엽수는 모두 나목(裸木)이 되고, 소나무 같은 침엽수는 엄동설한에도 푸른색을 자랑하고 있다. 심훈의 '상록수'는 우리나라의 미래가 소나무나 전나무처럼 늘 푸르기를 바라는 우리 선대의 바람이 반영된 소설이라고 생각된다.

앞에서 초목이 초록색으로 보이는 것은 빛의 삼원색인 RGB 중에서 다른 빛은 식물이 흡수하여 광합성에 이용하는데 초록색 빛은 흡수하지 않고 외부로 반사해서 우리 눈에 초록색으로 보인다고 설명하였다. 식물은 초록을 싫어해서 반사해 내는데 사람을 비롯한 동물은 식물이 싫어하는 걸 좋아하는 이유는 뭘까 하는 철학적 생각이 들 수가 있다. 이는 자연의 설계자인 이른바 조물주의 재량이라고 생각된다. 빛의 스펙트럼 중에서 각 빛의 역할을 적절하게 할당하지 않았나 생각된다. 마치 우리의 정부가 주파수에 따라 전파를 통신과 방송 사업자들에게 할당하듯이. 녹색이 식물의 색이라고 알고 있으니까 초식동물은 녹색인 물체를 찾아 열심히 섭취하면 되고, 우리 인간은 정상적인 녹색으로 식물이 잘 자라는지 알 수 있어야 제대로 곡식 농사를 지을 것이 아닌가? 벌이나 나비들의 도움이 수정에 필요하니까 그들의 관심을 끌려고 식물은 녹색이 아닌 다른 색깔로 화려한 꽃을 피우지 않나 싶다.

파랑(靑, blue)
─물빛과 하늘빛

파란 하늘에 있는 달은 언제 생겼을까?

나는 지금 술잔을 멈추고 한번 물어보네.

사람은 밝은 달을 오를 수 없지만

달은 되려 사람을 따라오네.

흰빛 거울이듯 붉은 문에

푸른 안개 걷히고 맑게

밤이면 바다서 떠올라

어찌 알랴? 새벽 구름에 짐을

흰 토끼 가을 봄 없이 약 찧고

상아는 외로이 뉘와 더불꼬?

지금 이 사람은 옛날 달을 못 봐도

지금 저 달은 옛사람을 비췄으니

예나 지금이나 사람은 물 흐르듯

밝은 달을 매한가지로 보네

바라나니 술잔 들고 노래할 때

달빛이여 술동이를 내내 비춰주길.

青天有月來幾時

我今停杯一問之

人攀明月不可得

月行却與人相隨

皎如飛鏡臨丹闕

綠煙滅盡清輝發

但見宵從海上來

寧知曉向雲間沒

白免搗藥秋復春

嫦娥孤棲與誰鄰

今人不見古時月

今月曾經照古人

古人今人若流水

共看明月皆如此

唯願當歌對酒時

月光長照金樽裡

―이백(701~762), <술잔 들고 달에게 묻다(把酒問月)>

이 시는 중국 당나라의 시인 이백(李白)의 유명한 작품이다. 보통은 11행과 12행에 있는 '지금 이 사람은 옛날 달을 못 봐도, 지금 저 달은 옛사람을 비췄으니' 하는 구절이 자주 회자(膾炙)되고 있다. 이백의 자는 태백(太白), 호는 청련거사(靑蓮居士)인데, 젊어서 여러 나라를 떠돌아다니다가, 뒤에 벼슬에 들었으나, 안녹산(安祿山)의 난으로 유배되는 등 불우한 만년을 보냈다. 이 시와 같이 칠언절구(七言絕句)로 시를 짓기에 뛰어났으며, 이별과 자연을 제재로 한 작품을 많이 남겼다. 필자의 장인은 손수 이 시를 한자로 써서 표구하여 두었는데, 장인이 돌아가시고 어쩌다가 그 액자가 우리 집으로 와서 지금은 우리 집 거실에 걸려 있다. 필자가 이 글을 쓰면서 벽에 걸려 있는 이백의 시를 다시 보게 되었는데, 1행의 앞머리에 있는 청천(靑天)과 6행의 녹연(綠煙)이란 글자가 눈에 들어왔다.

분명 달이 떠 있는 밤에 술 한잔하면서 읊은 시인데, 이백은 첫 구절에서 하늘의 색깔을 청색(blue)이라고 표현하고, 여섯 번째 행에서 안개는 녹색(green)이라고 느끼고 있다. 우리도 청천

(靑天)은 맑은 하늘, 혹은 마른하늘이라고 말한다. 청천벽력(靑天霹靂)이라는 말은 맑은 하늘에 날벼락, 혹은 마른하늘에 날벼락을 의미한다. 비가 오지 않는 마른하늘은 푸르다고 동양인은 인식하고 있었다. 하늘을 청색으로 느낀 감성은 오늘날의 색감으로 볼 때 아주 자연스럽다. 이 시로 볼 때, 옛사람들은 컴컴한 밤에도 마른하늘의 색깔은 청색일 것으로 생각했나 보다. 그리고 여섯 번째 행에서 푸른 안개(綠煙)가 다 없어지면 맑은 빛이 휘발(輝發)된다고 노래하고 있다. 아마도 대낮에 초록의 숲에 안개가 걷히면서 보았던 광경을 회상하고 있는지도 모른다. 이백은 대낮에 본 하늘과 안개 낀 숲의 색깔을 회상하고 밤에도 그럴 것으로 추측하고 있다.

이백의 시에서는 밤하늘의 색깔을 맑은 낮에 본 색깔로, 밤안개의 색깔은 대낮에 본 숲의 색깔로 기억하여 묘사하고 있다. 이 시가 교훈적이고 철학적인 의미는 크지만, 분위기를 잡아주는 주위의 풍경을 묘사하는 표현은 오히려 관념적이고 사실적이지 않다. 오히려 이 점에 있어서는 고려 시대의 시인 이조년의 짧은 시조가 더 사실적이다. 앞의 '백(白, white)'이란 글에서 언급한 이조년의 시에서는 달밤에 비친 흰 배꽃과 두견새를 사실적으로 묘사하고 시인이 느끼는 감정이 잘 표현되어 있다.

가람이 파라니 새 더욱 희오

뫼가 퍼러 하니 꽃이 불붙는 듯하다.

올봄이 본데 또 지나가나니

어느 날이 이 돌아갈 해요?

江碧鳥逾白

山靑花欲燃

今春看又過

何日是歸年

―두보(杜甫), <절구(絕句)>

  이 한시는 두보의 시 중의 하나로 별 제목 없이 오언절구(五言絕句)로 쓰인 시이다. 이백과 두보는 거의 동시대 사람으로 천재적인 재주를 가졌으나 난세에 살면서 안녹산(安祿山)의 난 등으로 제대로 뜻을 펴지 못하고 고생하며 강호를 유람했다. 두보(杜甫)를 시성(詩聖)이라고 하고 이백을 시선(詩仙)으로 칭한다. 이 명칭에서도 나타나듯이 이백은 도교적이고 두보는 유교적인 색채가 강하다고 했다. 유교적인 통치이념을 가진 우리나라 조선의 왕실과 신진 사림파 학자들은 두보의 시 1,647편 전부와 다른 사람의 시 16편을 새로 창제한 훈민정음으로 해석하고 주석을 달아 풀이한 25권 17책의 책을 발간했는데, 이것이 바로 두

시언해(杜詩諺解)이다. 원명은 '분류두공부시언해(分類杜工部詩諺解)'이다. 성종 12년(1481)에 나온 초간본에는 방점이 있고 'ㅿ'과 'ㆁ'이 쓰였으나, 인조 10년(1632)에 간행된 중간본에는 방점이 없고 'ㅿ'과 'ㆁ'을 쓰지 않은 점이 크게 다르다. 풍부한 어휘와 예스러운 문체가 드러나 있고, 초기 한글의 음운 변천 과정 연구에 중요한 자료이다. 조선의 젊은 유학자들이 두보의 시를 사랑한 까닭은 대체 어디에 있었을까? 깊은 인간성과 진실성이 그의 시에 넘쳐났고 충군애국(忠君愛國)의 유교 정신에 투철해 있다는 점을 두보의 덕망으로 꼽았기 때문이 아닌가 생각한다. 두보의 시는 관료들의 등용문인 과거를 준비하는데 필수적인 텍스트가 되었고 채점에 중요한 요소로 등장하였다.

위 시의 번역은 두시언해에 나오는 우리말 번역을 오늘날의 어법에 맞게 필자가 수정한 것이다. 국문학자도 아닌 필자가 이 두보의 시를 여기에서 인용하는 것은 이 시에 색채에 관한 언어가 몇 개 등장하기 때문이다. 여기에는 강과 산, 새와 꽃이 나온다. 강은 파랗고(江碧) 산은 퍼렇고(山靑), 새는 더욱 희고(鳥逾白), 꽃은 불붙는 듯하다(花欲燃). 한자어에서는 강의 색깔과 산의 색깔을 글자로 분명히 구분하고 있다. 그러나 우리말에서는 두 색깔의 구분이 명확하지 않다. 필자는 이를 언어적인 '청록 색맹'이라고 부르고자 한다. 이백과 두보 시대에 분명 '푸를 녹(綠)'이라는 글자가 있었지만, 두보의 시에서는 green 색인 산의 색깔을 녹(綠)으로 하지 않고 청(靑)으로 묘사하고 있는데 여기서도 언어적인 '청록 색맹'을 엿볼 수 있다. 이러한 언어적인 경향은 청산(靑山)이라고 하는 말로 굳어졌다.

우리가 가끔 들어 보는 말에 '인간도처유청산(人間到處有靑山)'이 있다. '사람이 가는 곳에는 청산이 있다'라고 직역할 수 있으나, '푸른 산이 있으면, 계곡에는 맑은 물이 흐르고, 그런 곳이면 사람이 살 만한 곳이니, 너무 걱정하지 말라'는 뜻이리라. 어디를 가든 우리 인간은 적응하여 살 수 있다는 말이다. 외국에 유학이나 이민 가더라도 너무 걱정하지 말라는 뜻이다.

살어리랏다. 살어리랏다. 청산에 살어리랏다.
머루랑 다래랑 먹고, 먹자, 청산에 살어리랏다네.
—청산별곡 중에서

위의 고려 가사 청산별곡에서는 '머루랑 다래랑 먹고 청산에 살자'라고 자연에 귀의하는 삶을 노래하고 있다. 현대인인 박두진 시인의 시 '해'의 서두에서 읊고 있는 산도 분명 청색이다.

나는, 나는 청산이 좋아라.

> 훨훨훨 깃을 치는 청산이 좋아라.
> 청산이 있으면 홀로래도 좋아라.
> ―박두진, <해>

　오늘날의 색감으로 볼 때 물이나 하늘의 색깔은 멀리서 보면 분명히 청색이다. 그러나 하늘이나 물의 본색이 청색은 분명 아니다. 운동장에 있는 공기나 세숫대야에 있는 물을 푸르다고 할 사람은 없다. 태양의 빛이 물이나 공기 중의 입자들과 부딪쳐서 에너지가 흡수되는 과정에 청색 계통의 빛이 덜 분산되고 오래 살아남아 있어서 우리 눈이 하늘과 바다를 멀리 바라볼 때 청색 계통으로 인식한다. 대낮에 바닷가에서 바다를 바라보면 수평선이 보인다. 색의 농염이랄까 구름의 존재 등으로 하늘과 바닷물의 색깔을 구별할 수 있다. 그러나 초음속으로 가다가 가끔 뒤집어 거꾸로 날아가는 비행기의 조종사가 순간적으로 착각을 일으켜 바다로 급속히 조종간(操縱杆)을 꺾는 사고가 있었다고 한다. 지금이야 이런 사고를 방지하는 장치가 마련되어 있겠지만.

　청색과 녹색을 언어적으로 구분하지 못하는 우리 민족의 '청록 색맹'으로 인한 모호성과 무지(無知)가 오늘날에도 계속되고 있음을 본다. 최근의 화제 영화, '헤어질 결심'을 보면 여주인공의 옷 색깔이 '푸르다'라는 구절이 나오는데 이를 청색으로 알아듣는 사람이 있고 녹색으로 알아듣는 사람이 있을 수 있다. 그 여주인공과의 관계가 부적절한 것임을 인지하고 남주인공이 헤어질 결심을 마음속으로 하지만 둘의 관계가 쉽게 끝나지 않게 되는 이유는 이 '청록 색맹'의 개념을 집어넣으면, 쉽게 이해될 수 있다고 생각한다. 예를 들어 청색 옷을 좋아하는 여자와 녹색을 좋아하는 남자가 객관적으로는 서로의 처지가 달라도 두 사람이 근원적으로는 같은 곳을 지향하기 때문에 관계가 쉽게 끊어질 수 없다는 생각이 든다.

오스트레일리아 남동부에 블루 마운틴(Blue Mountain)이 있다. 서구인들은 녹색과 청색을 잘 구분하여 쓴다. 앞의 '초록(綠, green) ―시인의 초록, 과학자의 초록'이라는 제목의 글에서 인용한 워즈워스의 시에서도 들은 푸르고(green field), 하늘은 파랗다(blue sky)고 명시적으로 구분하여 표현하고 있다. 오스트레일리아에 처음 온 서구인이 블루 마운틴, 그 산에서 무엇을 보았길래 그렇게 명명했는지는 잘 모르겠지만 그들도 삼림 속에서 청색을 느낀 모양이다. 같은 오스트레일리아 동부 해안에 골드 코스트(Gold Coast)라는 지명이 있는데, 백사장에 모래가 좋을 뿐 그곳에 금이 있을 것 같지는 않다. 금을 따라 움직이는 당시 탐험자들의 간절한 소망이 담겼으리라.

청(靑)은 '날 생(生)'과 '붉을 단(丹)'으로 이루어진 글자이다. 단(丹)은 물감 들이는 재료로 돌을 뜻한다. 붉은 돌 틈에서 피어나는 새싹은 더 푸르러 보일 것이다. 그 쓰임새로 청과(靑果), 청년(靑年), 청룡(靑龍), 청송(靑松), 청자(靑瓷), 청와대(靑瓦臺) 등이 있다. 고대 이집트에서는 그림을 그릴 때 엷은 푸른색을 즐겨 썼다고 한다. 이 물감은 라피스 라즐리(lapis lazuli)라고 하는 광물에서 추출했다고 하는데, 1920년에 색명으로 정식 채용되었다. 라피스 라즐리는 라틴어의 '돌'과 '파랑'을 의미하는 말에서 유래한다고 하는데, 청금석(靑金石)이라고 불렸으며, 단일 광물이 아니라 여러 종류의 광물로 구성된 암석이다. 보라색을 띤 청색 돌을 최고로 쳤다고 한다. 주산지는 지금의 아프가니스탄 지역이었다고 한다.

녹색의 산을 청색으로 바꿔 쓴 게 미안했던지 우리 선조들은 '푸를 청(靑)'자에 '물 수(水)'변을 더해 '맑을 청(淸)'자 쓰기를 좋아했다. 녹두로 쑨 묵은 너무나 하얗고 맑아서 청포(淸泡)라고 했다. 또 우리 조상들은 자연생 꿀을 한자어로 청(淸)이라고 불렀고, 맑은 물엿을 인공적으로 만든 꿀이라는 뜻에서 조청(造淸)이라고 했다. 우리 지명에 경상남도 산청(山淸)이 있는 게 참 흥미롭다. 중국에서는 만주족이 세운 마지막 왕조인 청(淸)이 있다. '밝을' 명(明)을 대신하여 '맑고, 빛이 선명하다'라는 의미의 청이

들어섰다. 청국(淸國)은 우리나라 역사에 암울한 시기를 제공했지만, 청국장이라는 콩 음식이 전통적으로 내려오고 있다. 아울러 청산에 흐르는 물은 청산유수(靑山流水)로 잘도 넘어간다. 산골에 흐르는 물은 참 맑고 시원하다. 그렇게 깨끗한 물을 청수(淸水)라고 한다. 우리는 잘 쓰지 않는 한자어인데 일본인들은 좋아한다. 일본 교토(京都)에 오래된 사찰로 청수사(淸水寺, 키오미즈테라)라고 있다. '오차노미즈'라는 지명이 있을 정도로 차(茶)에 쓰이는 물을 중요시 했던 일본인에게 맑은 물은 아주 긴요한 필수품이었다.

남(藍, indigo blue)
—쪽빛 바다

우리 생활에서 자주 쓰이는 네 글자로 된 고사성어 중에 청출어람(靑出於藍)이 있다. 식물인 쪽을 말하는 남(藍)은 염색 재료로 청색을 물들일 때 쓴다. 천이나 헝겊에 물을 들이면 쪽 풀보다 더 푸르고 선명한 빛깔이 난다고 한다. 성악설(性惡說)로 유명한 순자는 이에 비유하여 이렇게 말하였다.

> 청색은 쪽에서 나왔으나 쪽 풀보다 더 푸르고,
> 얼음은 물이 얼어서 된 것이지만 물보다 더 차다.
> 靑出於藍而靑於藍
> 冰水爲之而寒於水

여기에서 나온 말이 '청출어람(靑出於藍)'이다. 제자가 스승보다 더 나음을 비유하는 말이다. 역사 속에 보이는 청출어람의 예로, 북위 시대에 이밀(李謐)은 어려서 공번(孔璠)을 스승으로 삼아 학문을 배웠는데, 몇 년이 지나자 이밀의 실력이 그 스승을 앞지르게 되었다고 한다. 공번은 이밀에게 더 가르칠 게 없다며 도리어 제자에게 스승 삼기를 청했다. 제자인 이밀도 훌륭한 사람이지만 공번 역시 스승으로서 제자에게 배우기를 꺼리지 않았으니 본받을 만한 인물임에 틀림이 없다. 글자 남(藍)은 '풀 초(艹)'와 '볼 감(監)'으로 이루어진 글자로써 보기(監)에 좋은 색을 뽑는 풀 즉 '쪽 풀'이라는 뜻이다. 예로는 남벽(藍碧, 진한 초록), 남색(藍色), 남실(藍實, 약으로 쓰는 쪽의 씨), 남청(藍靑) 등의 어휘가 있다.

그러면 청출어람이란 말은 어떻게 나왔을까? 식물로서 생명 현상을 유지하면서 살아서 남색을 뿜내는 쪽 풀을 채취하여 삶으면 청색 계통의 염료를 얻을 수 있다. 색채를 전문으로 연구하지 않았어도, 오랜 경험을 통하여 우리 선조들이 터득한 지식일 터이다. 그 쪽물에서 나오는 색이 변하여 더욱 청색이 된다. 이는 쪽이 죽어서 세포를 이루는 화학 성분이 변하여 밖에서 오는 빛을 흡수하는 능력이 변하였기 때문이 아닐까 생각해 본다. 쪽은 식물이므로 그 색깔은 녹색 계통이다. '초록은 동색'이라고 식물의 색깔을 특별히 구별은 안 하지만 쪽의 색인 남색은 진한 녹색일 것으로 판단된다. 쪽 풀을 물에 담가 끓이면 진한 녹색 물이 나오고 시간이 지나면 점점 청색으로 변할 것으로 추정된다. 우리는 녹색은 좀 어두운 색으로 인식하고 청색은 밝고 맑은 색으로 인식한다. 진한 남색(사실은 진한 녹색)보다는 맑은 청색을 높이 사서, 청출어람이란 말이 생겼다고 본다.

프리즘에서 분산되어 나오는 빛 스펙트럼의 명칭을 파장의 크기 순서대로 적외선, 빨강, 주황, 노랑, 초록, 청록, 파랑, 보라, 자외선으로 붙여놓은 글을 본 적이 있다. 여기서는 우리가 통상 말하는 일곱 가지 무지개색 중에서 뒷부분을 파랑, 남색, 보라의 순서가 아니라 청록, 파랑, 보라라고 적어 놓았다. 남색이라는 표현이 없어지고, 청록이라고 써서 파랑과 위치가 바뀌었다. 즉 청출어람이란 말에서 남색은 파랑과 보라의 중간이 아니라 초록과 파랑의 중간일 것이라고 추정된다. 이렇게 이해해야 청출어람이란 말의 유래를 설명하는 게 자연스럽다. 즉 진한 녹색인 쪽 풀이 맑고 깨끗한 청색으로 바뀌는 것이 경이롭게 된다. 일견 맞는 말이다. 우리가 어려서부터 색의 명칭을 잘못 배웠다고 볼 수 있다. 여기서 큰 혼란이 올 수 있다고 생각한다. 이 글에서는 청색 계열에 대한 논의를 계속 이어 갈까 한다.

날아라, 새들아, 푸른 하늘을.

달려라, 냇물아, 푸른 벌판을.

오월은 푸르구나. 우리들은 자란다.

오늘은 어린이날, 우리들 세상.

―윤석중 작사, 윤극영 작곡, <어린이날 노래>

이 동요에서 하늘도, 벌판도, 우리 어린이 곧 청년이 있는 오월이 다 푸르다고 한다. 어떤 때에는 이 모두가 다 파랗다고도 말한다. 우리말은 녹색과 청색을 특별히 구별하여 쓰지 않고 있는 '청록 색맹'의 특징이 있다. 영어로 녹색은 Green, 청색은 Blue인데, 여기에 적색인 Red를 합하여 RGB를 빛의 3요소라고 한다. 우리 눈에는 이 세 가지 빛을 알아보는 망막세포가 있는데도, 우리 선조들은 G와 B를 구별하지 않는 언어 습관을 갖고 있었다. 서양문명이 들어오고 생활과 기술이 세계화되면서 요즘은 어려서부터 교육받을 때 두 색을 확실히 구분하는 훈련을 받아서 요즘 사람들은 정확히 G와 B를 구분해서 말하고 있다. 교통신호등에서 녹색신호를 청신호 혹은 파란 불이라고 말하기는 하지만 그것을 blue라고 우기는 사람은 없다.

바다는 푸르다. 영어로 'blue'이다. 일부 사람은 바다를 쪽빛 즉 남색이라고 인식하고 있다. 바다가 푸른 이유는 하늘이 푸른 이유와 같은 원리로 설명할 수 있다. 바닷물에 햇빛이 입사하면, 햇빛의 여러 스펙트럼의 광자가 물 분자와 상호작용을 하는데, 빛의 삼원색 RGB 중에서 청색(blue) 빛의 에너지가 가장 높아 굴절하는 횟수가 많아서 즉 오래 살아남아 물 밖으로 반사가 일어나서 멀리서 바라보면 바닷물이 푸르게 보인다. 가까이서 보는 바닷물은 스펙트럼의 모든 빛이 거의 골고루 반사가 일어나 흰빛으로 보인다. 대야에 청색 염료를 풀어놓으면 투명했던 대야의 물이 청색으로 보인다. 염료에 있는 성분이 청색 빛만 반사해 내기 때문이다. 심해에서는 모든 빛이 물에 흡수되거나 물 밖으로 반사되어 컴컴하고 아무것도 보이지 않는다.

우리가 해안에서 바다를 바라보거나, 배를 타고 먼바다를 나가보거나, 아니면 영화 등의 화면으로 바다를 보면, 바다의 광활함과 청량함과 평온함을 느낄 수 있다. 우아하게 항해하고 싶다면 장밋빛이 가득한 돛을 달면 되고, 강하게 보이고 싶다면 해적선 스타일로 배를 꾸미면 된다. 이제는 바다 위에서도 요트 같은 배를 멋을 한갓 부려 치장할 수 있다. 바다도 지구의 일부이니까, 비 온 뒤에 운이 좋으면 배 위에서 무지개를 볼 수 있고, 해가 수평선 너머로 떨어지는 석양에는 수평선 위로 붉은 노을을 감상할 수 있고, 해가 진 뒤에는 칠흑 같은 밤이지만 달빛이나 별빛 아래에서 맑은 하늘이라면 낮의 청천을 회상하겠고, 짙은 해무가 껴 있다면 이백처럼 녹색을 볼 수 있을지 모른다.

> 바다는
> 어디서부터 가져온 파도를
> 해변에, 하나의 사소한 소멸로써
> 부려놓은 것일까?
> 누군가의 내부를 향한
> 응시를 이 세계의
> 경계에 부려놓는 것일까?
> 바다는 질문만으로 살아 오르고
> 함성을 감춘 질문인 채 그대로 내려앉는다.
> 우리는 천상 돛을 하나 가져야 하겠기에
> 쉬지 않고 사랑을 하여
> 파란 돛을 얻는다.
> ―장석남, <파란 돛>

장석남 시인은 바다에서 치는 파도의 색깔을 파랗게 인식하고 보통 흰색인 돛을 '파란 돛'으로 묘사하고 있다. 프랑스와 이탈리아 근해의 지중해 연안을 프랑스어로 코트다쥐르(Cote d'Azur)라고 한다. Cote가 프랑스어로 언덕 혹은 해안, Azur가 하늘빛, 쪽

빛이란 뜻이니까 '푸른 해안' 혹은 '푸른 언덕'의 의미이다. 사전에서는 지질학 용어로 '감벽(紺碧) 해안'이라고 번역한다. 여기서 감(紺)은 감색, 야청 빛, 검은색을 띤 푸른빛을 의미한다. 벽(碧)은 푸른 옥돌을 의미하는데 '벽안(碧眼)의 미녀' 등의 용법으로 쓰인다.

코트다쥐르(Cote d'Azur)는 지중해의 따사로운 햇살을 가진 프랑스 남부 해안가 마을을 지칭한다. 고갱을 비롯해 피카소 등 많은 화가와 예술가들이 영감을 받으며 작품을 남긴 곳이다. 수년 전에 테러가 난 곳이라 경계가 삼엄하기는 하지만 햇살에 눈부시게 반짝이는 바다와 유유자적 하늘을 나는 갈매기, 시간이 멈춘 듯 오래된 성벽들을 보고 있으면 스트레스가 싹 사라지는 듯하다. 프랑스의 남쪽 지중해에 있는 대도시 마르세유(Marseille)에서 자동차를 몰고 동쪽으로 해안을 따라가면, 생트로페(St. Tropez)를 지나고 영화로 유명한 칸(Cannes), 니스(Nice)를 지나 앙티브(Antibes) 등으로 아기자기한 바닷가 마을이 이어진다. 이어서 모나코(Monaco)와 망통(Menton)이 나오고 10분만 더 가면 이탈리아가 나온다. 해안가를 따라 난 도로를 자동차로 가다 보면 저 아래로 쪽빛 바다가 눈을 아주 시원하게 해준다.

코트다쥐르의 바다 색깔과 우리나라의 바다 색깔이 다를 수 있을까? 바닷물의 색깔이 분명 파란색이라도, 동일 지역이라도 계절에 따라 또는 대기의 온도나 수온에 따라 조금씩 다를 것이다. 아침과 한낮과 저녁의 바다 색깔도 다를 것이다. 이를 필설(筆舌), 즉 글이나 말로 설명하기는 그 사람의 과거 경험이나 언어 구사 능력에 따라 차이가 난다. 인종 또는 사용 언어에 따라 색을 느끼는 정도가 다르다. 같은 국적이고 성장 환경이 비슷하더라도 개인차가 있다. 그래서 색의 객관화를 위하여 색채를 귀중하게 다루는 인쇄, 패션, 염료, 방송 업계 사람들은 색 좌표나 색 패턴으로 의사를 소통한다.

프랑스의 국기는 청(靑) · 백(白) · 홍(紅) 삼색기이다. 산업혁명 이후 사회적 변혁기를 거치며 형성된 이념인 자유, 평등, 박애를 상징한다고 배웠다. 이탈리아 국기도 삼색기로 프랑스 국기와 모양이 유사한데, 청색 대신 녹색을 쓰고 있다. 프랑스를 대표하는 색은 진한 청색이다. 국가대표 축구팀 유니폼도 청색이 기본 색깔이다. 코트다쥐르의 영향 때문이 아닐까 생각된다. 이탈리아 축가 국가대표팀을 일명 아주리 군단이라고 부르는데, 축구팀 유니폼의 색깔이 청색인 점과 관련이 있다. 아쥐르와 아주리, 청색을 의미하는 두 나라의 단어는 비슷하지만, 막상 축구팀 유니폼 색깔을 마주 놓고 비교하면 육안(肉眼)으로도 차이가 난다.

청색이 짙어지면 남색이라고 하는 언어적 습관도 엄연히 존재하고 있다. 이렇게 보면 무지개 스펙트럼에서 청색과 보라 사이에 있는 색을 남색이라 하는 말도 영 틀린 말은 아닌 것 같다. 여기서 남색은 영어로 dark blue 혹은 indigo blue라고 하면 문제가 없을 듯하다. 앞에서 논의한 대로 청출어람이란 말에 나오는 남색은 dark green이 맞는 것 같다.

  우리는 피의 색깔을 적색이라고 인식하는데, 피부에 보이는 핏줄의 색깔은 파랗게 보인다. 피부 가까이서 보이는 핏줄은 정맥이라고 알고 있는데, 혈액 속에 적색인 헤모글로빈의 양이 동맥에 비해서 적기 때문이라고 생각된다. 겁을 먹고 있는 사람의 안색(顔色)은 새파랗게 질려 있다고 말한다. 푸른 바다에서 헤엄치다가 백사장으로 나온 사람의 입술은 새파랗다. 아마도 물에서 밖으로 나오면 춥기 때문일 것이다.

보라(紫, violet)
—쪽과 도라지꽃

바람도 쉬어 넘는 고개, 구름이라도 쉬어 넘는 고개
산진(山陣) 수진(水陣) 해동청(海東靑) 보라매도 다 쉬어 넘는 고봉 장성령 고개
그 너머 임이 왔다 하면, 아니 한 번도 쉬어 넘어가리라.
—이정보

　지금의 전라북도 정읍시에서 전라남도 장성군으로 가려면, 터널을 통해서 기차는 철길로, 차로는 고속도로를 이용하여 쉽게 갈 수 있지만, 옛날에 도보나 말을 이용하여 가려면 험준한 고개를 넘어서 가야 했을 것이다. 그 고개 이름을 장성령, 노령(蘆嶺)

혹은 갈재라고 했는데 이 고개를 '바람도 쉬어 넘는 고개'라고 노래했던 사람은 조선 영조 때의 이정보(李鼎輔)였다. 바람과 구름마저 쉬어 넘고 바람을 잘 이용하여 나는 산진, 수진, 해동청, 보라매도 다 쉬어 넘을 만큼 산세가 험하다고 노래하고 있다. 남도 민요 중에 "남원산성 올라가 이화 문전(梨花門前) 바라보니, 수진이, 날진이, 해동청 보라매 떴다. 봐라"라고 시작하는 우리의 전통 민요가 있다. 여기서 주목하고 싶은 것은 우리 조상들이 민요나 옛시조에 자주 등장시키는 해동청 보라매란 표현이다.

  지금의 황해도 해주와 백령도에서 나는 매 중에서 재주가 뛰어나고 청색인 매를 해동청이라 불렀다고 한다. 우리나라는 일찍부터 매사냥을 즐겼던 듯, 삼국사기에 진평왕이 사냥하기를 즐겨 매나 개를 놓아 돼지, 꿩, 토끼를 잡으러 다녔다는 기록이 보인다. 고려 시대에는 매사냥의 기관으로 응방(鷹坊)을 전국적으로 설치하기도 하였다. 몽골인들은 고려에서 해동청과 같은 좋은 매가 산출되는 것을 알게 되어 고려 고종 이래 매를 자주 공납하게 하였다. 양녕대군은 매사냥을 즐겼다가 아버지인 태종으로부터 세자 자리를 박탈당했다는 이야기가 있다. 훗날 대신 왕이 된 세종대왕은 한글을 창제하는 과정에서 이에 반대하는 상소를 올린 신하들을 국문하며 '내가 매사냥을 한 것도 아닌데 너희들 말이 지나침이 있다'라고 하였다고 전해진다. 오늘날

나라에 변고가 있을 때 공직자가 골프를 쳤다고 구설에 오르는 일이 있듯이 당시에 매사냥은 사치한 운동으로 여겨졌던 모양이다.

그런데 몽골에는 칭기즈칸이 매를 길들여서 기러기, 물오리 등의 새를 사냥했고, 마르코 폴로의 동방견문록에도 몽골에 매사냥이 성행하였다고 기록되어 있다. 그리하여 13세기 몽골 제국 시대에 몽골 유풍이 고려에 많이 전해졌는데 고려에도 몽골식 매사냥이 성행하게 되었다. 그때 몽골어로 '보로(boro)'가 우리말에 차용되어 '보라매'가 된 것으로 보인다. '보라매'는 앞가슴에 담홍색의 털이 난 매로서 어려서부터 길들여 매사냥하는 데 널리 쓰였다. 즉 '보라매'는 난 지 1년이 안 된 매를 일컫는 말이다. 어려서 길들이기가 쉽고 활동력이 왕성해 사냥매로는 최상품이다. 보라매 외에 매사냥에 쓰이는 매의 이름으로는 산진이, 수진이, 삼계참 등이 있다. 산에 있으면서 여러 해 된 매는 "산진(山陳)이' 혹은 날진이, 보라매로 들어와 사람 손에서 1년을 난 매를 '수진(手陳)이'라고 한다. '삼계참'은 사람 손에서 3년 이상을 난 장수(長壽) 매를 가리킨다. 수진이, 산진이란 말 모두 몽골어에서 음차 한 말인 것으로 알려진다. 이 해동청을 문헌에서는 '송골매'라 하고 요동(遼東)에서 난다고 하였고, 해청(海靑)을 '거문나치'라 설명하였다. 중국에서는 이 매를 해동청 또는 보라응(甫

羅鷹)이라 하였다. 흰 것을 송골(松鶻), 청색인 것을 해동청이라 한다.

우리나라에서 예로부터 사용해 온 대표적인 꿩 사냥매는 오늘날의 참매이고, 매도 오래전부터 꿩 사냥에 사용되었으므로 해동청은 이 둘 중의 하나에 속하거나 두 가지 모두에 속하리라고 여겨지는데 어느 것이 옳은지 확언하기 어렵다. 참매는 수리목 수리과에 속하고, 매는 매목 매과에 속하며 두 가지 모두 뾰족하고 날카로운 부리와 발톱을 가지고 있다. 참매 날개의 등은 회갈색이고 뚜렷한 백색 눈썹선이 있고 아랫면은 백색 바탕에 회갈색 세로무늬가 촘촘히 있어 얼룩져 보인다. 매 날개의 등은 청회색이고 가슴에는 굵은 세로무늬가 있다. 뺨에는 길쭉한 흑색 무늬가 있다. 실제로 매는 세계적으로 널리 분포한다. 우리나라나 몽골에서는 매의 신원을 파악해 두는 버릇이 있어 온 듯하다. 오늘날 철새 연구를 위해 새의 몸에 인식표를 붙이듯이 매의 몸에 시치미를 붙여 매 주인의 이름 등을 표시해 뒀는데, 야생의 매를 포획한 후 그 시치미를 떼어 모른 척하고 자기의 매라고 주장하는 일이 있었다고 한다. 여기서 '시치미 떼다'라는 말이 나왔고, '새침데기'란 말이 생겼다.

보라매는 우리나라 공군의 상징이다. '빨간 마후라(red muffler)'는 비행기 조종사(pilot)를 의미하고 보라매는 비행기를 상징한다. 우리 민족이 예로부터 날렵하게 창공을 나는 보라매를 좋아했기 때문일 것이다. 미국 등 서양에서는 독수리(eagle)가 하늘을 나는 맹수의 대표로 여러 상징으로 쓰이고 있으나 우리 동양권에서는 매를 더 높이 치고 있다. 서울시 동작구에는 옛날 공군사관학교가 있던 자리에 보라매공원이 조성되어 있다.

보라매의 앞가슴 깃털이 담홍(淡紅)색이라는 기록으로 보아, 보라색이라는 말이 여기서 유래한 것으로 보인다. 한자로는 자(紫), 혹은 자주(紫朱)라고 표현하는데, 보라는 어감이 좋고 순우리말 같아서 젊은이들이 좋아하는 것 같다. 무지개의 일곱 색깔을 얘기할 때도 제일 마지막이 보라이다. 우리말로 보라가 이제 표준어가 되었다. 보라색은 영어로 purple 혹은 violet이다. 가시광선보다 에너지가 큰 복사선을 한자어로 자외선(紫外線), 영어로 ultraviolet(uv) ray라고 한다. 보라색이라고 하면 제비꽃, 도라지꽃이나 서양에서 온 라벤더가 생각나고, 식물의 열매 중에는 오디, 포도, 가지, 자색 고구마, 자색 감자가 생각난다.

서울시 성동구에 중랑천이 한강과 만나는 지점에 응봉(鷹峯)이라고 있다. 지금의 서울숲 건너편에 응봉역이 있고, 응봉동이 소재하고 있다. 높이가 약 80m인 작은 산에 개나리를 많이 심어 봄에는 노란색을, 여름에는 녹색을 발하고 있다. 예로부터 주변의 풍광이 매우 아름다운 곳으로 유명했다. 조선 시대에 왕이 이

곳에 매를 풀어 사냥을 즐기기도 했는데, 그 때문에 매봉 또는 한자명으로 응봉산이라고 불리고 있다. 지금 응봉산은 근린공원으로 지정되어 있다. 철새가 많이 찾아와 산 정상에서 철새를 관찰할 수 있으며, 서울숲과 남산, 청계산, 우면산까지 한눈에 조망할 수 있어 많은 사람이 즐겨 찾는 장소로 야경 또한 훌륭하여 밤에 찾는 사람들이 많다. 과거에 봉우리 밑에 있는 바위가 한강을 향하여 깎아지른 듯하여 자연적으로 낚시터가 되어 있어 '입석 조어(立石釣魚)'라 해서 유명하였다. 매봉 또는 응봉이라는 산 이름은 우리나라 여기저기에서 볼 수 있다. 이곳에서 가깝게는 강남구 도곡동에 매봉이라고 있다. 산 위에 매가 유유히 날아다닌 풍경을 연상할 수 있다.

우리 시대의 저명한 문학평론가인 김윤식(1936~2018)은 자전에세이인 '내가 살아온 20세기 문학과 사상'에서 경상남도 김해시 진영읍 출신인 자신이 열두 살 유년 시절에 기차를 타고 초록빛 들판을 지나 마산에 가서 본 쪽빛 바다의 추억을 회상하고 자신의 비평의 한 소재로 설명하고 있다. 비슷한 색으로 제비꽃밖에 보지 못했던 산골 아이가 난생처음 바다를 보고 느낀 빛깔의 충격을 소개하고 있다. 조금은 이해하기 어려운 철학적인 이야기를 소개하고는 청마 유치환의 유명한 시 '깃발'을 분석하고 '쪽빛'의 의미를 음미하고 있다.

> 이것은 소리 없는 아우성.
>
> 저 푸른 해원(海原)을 향하여 흔드는
>
> 영원한 노스탤지어의 손수건.
>
> 순정은 물결같이 바람에 나부끼고
>
> 오로지 맑고 곧은 이념의 푯대 끝에
>
> 애수(哀愁)는 백로처럼 날개를 펴다.
>
> ─유치환, <깃발>

  자신의 호에도 '푸를 청'이 들어있는 청마(靑馬) 유치환에게 있어 '깃발'은 언제나 바다와 더불어 있다. 경상남도 통영이 고향이고 그곳에서 작품 활동을 한 유치환에게는 바다는 자연스러운 소재였을 것이다. 시인에게 바다(자연)는 푸르지(blue) 않고 쪽빛(purple)으로 보였기 때문에 '푸른 해원'이라고 표현했다고 평론가는 해석하고 있다. 마산에서 어린 김윤식이 본 바다 색깔과 통영에서 느낀 유치환의 바다 색깔이 얼마나 다른 것일까? 아마 크게 다르지 않을 것이다. 그러나 그것이 언어의 영역에서 표현될 때 색깔에 대한 인식은 사람마다 경험과 추억에 따라 달라질 수 있다고 생각한다.

  필자도 고등학교 시절에 시 '깃발'에 나오는 해원(海原)이라는 말을 이해하지 못하였다. 이 말은 우리말이 아니라 일본말이라고 한다. 일본어로 *海原*(우나바라)은 바다를 의미하고, 일본에서는 소학생도 아는 쉬운 말이라고 한다. 만일 해원(海原)이 우리말이라면 '바다와 같은 벌판'이거나 '바다'와 '벌판'을 동시에 가리켜야 자연스럽다. 굳이 영어로 번역하자면 'watery prairie(바다처럼 넓은 들판)'가 적합하다. 유명한 영시 번역가인 이인수 교수는 'the distant purple sea'라고 번역하고 있다. 일본의 영향 아래 교육받은 청마니까 이런 표현을 구사하는 것이 가능하겠지만 굳이 '바다'라고 표현하지 않고 '푸른 해원'이라고 한 것이 다 뜻이 있다고 한다. 아마도 시인은 자기도 모르게 *海原*이라는 일본어를 그대로 사용했지만, 그것이 우리말로 본다면 바다 아닌 벌판(들판)일 터이기에 '푸른 해원'이라고 표현했으리라고 비평가는 보고 있다.

유치환의 시 '깃발'에서 '푸른 해원'이란 구절은 우리말의 '청록색맹'을 얼렁뚱땅 퉁 치고 넘어가려는 방법을 쓰고 있지 않나 필자는 생각한다. 이 점을 김윤식 교수는 절묘하게 다른 방법으로 분석하고 있다. 그런데 김 교수가 어려서 본 제비꽃의 보라색과 바닷물의 쪽빛이 같다고 보는 것은 선뜻 이해가 안 간다. 김 교수와 필자가 세대나 교육환경이 다르니까 뭐라고 반론을 펴기도 그렇다. 보라는 영어로 violet 혹은 purple인데 scarlet으로 확대해서 심홍색 혹은 진홍색이라고 바다의 색깔을 적색 기운이 나는 것으로 김 교수는 묘사하고 있다. 보라는 한자어로 자주(紫朱)라고 하는데 여기에 '붉을 주(朱)'자가 들어간다. 보랏빛 하면 핑크빛이 연상되기도 한다. 이런 현상은 우리 눈의 색 인식에서 참 중요한 일면이다. 적색과 자색은 가시광선의 에너지 스펙트럼에서는 꽤 많은 차이가 나는데 우리의 머리에서 유사하다고 느끼는 것은 참 불가사의하다. 심홍색은 추기경이나 귀하신 분들이 입던 옷 색깔로써 고귀함, 화려함, 왕자의 품격을 가리킨다. 자주, 쪽빛, 그것은 바로 심홍색이고, 당초에 시인 유치환의 생리에 깃든 바다란 이 심홍색이었다고 김 교수는 결론지었다. 귀족도, 제왕도, 추기경도 아닌 통영 바닷가에서 자란 소년 유치환에게 바다는 쪽빛이었지만, 혹자에게는 바다가 보라색, 또는 심홍색으로 인식될 수 있다. 한편 비평가는 쪽빛을 광물질의 색깔로 치부하고 있다. 과연 광물질이나 금속의 색깔이 어떻게 우리 눈에 보일까는 뒤에 다른 글에서 논하려고 한다.

Dream Spectrum

4장

보석의 색

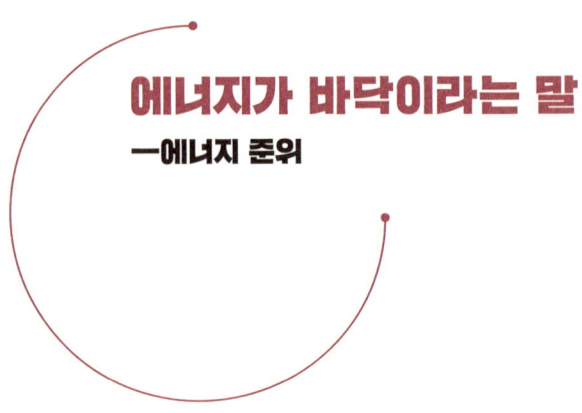

에너지가 바닥이라는 말
—에너지 준위

 자연현상을 과학적으로 설명할 때 자주 쓰는 말로 상태(state, 狀態)라는 말이 있다. 일상생활에서도 상태라는 말을 종종 쓴다. '그 사람 정신 상태가 좀 이상해', '당신은 아직도 어릴 적 상태에 머물러 있어.' 예를 들면 이런 식으로 상태라는 말을 써먹고 있다. 물리학적으로 상태를 구분하는 한 가지 방법이 그 상태가 유지하고 있는 에너지 준위(energy level), 혹은 에너지의 양으로 평가한다. 우리가 상정하는 물질들은 입자들이 하나의 계(system)를 이루고 있다고 볼 수 있다. 그 계에서 각 상태는 특정한 에너지값을 가지고 있다. 그 계에서 입자가 가지고 있는 에너지값을 작은 것부터 늘어놓고 이에 해당하는 상태에 일련번호를 붙여놓을 수 있는데, 양자물리학에서는 그 번호를 양자 번호 혹은 양자 수(quantum number)라고 한다.

 학교나 군대 같은 조직에서 구성원을 구분하는 방법으로 각 구성원에게 학번이나 군번이라는 명칭의 고유한 번호를 부여한다. 옛날 교련 시간에 학생들을 운동장에 대충 키 순서대로 세워놓고 지휘자가 제일 앞의 학생을 지명하고 '번호!'라고 지시하면 대열에서 큰소리로 '하나, 둘, 셋……'이라고 외친다. 어떨 때는 한 학생, 예를 들어 10번을 지목하고 새 줄을 만들라고 하며 다시 '번호!' 하고 지시한다. 대충 100해(垓) 개나 되는 많은 수의 입자들을 에너지 크기 순서대로 일렬로 세워놓고 작은 에너지값을 갖는 입자부터 번호를 매기면 그것이 일종의 양자 번호가 된다.
 입자(예를 들어 원자 혹은 전자)가 하나, 둘 정도로 몇 개 안 될 때는 양자 번호의 차이가 얼마 안 되는 상태들 사이의 에너지 차이는 그 수준에서는 꽤 커 보이고 불연속적인(discrete) 값으로 보인다. 그러나 웬만한 고체 덩어리는 아보가드로 수(6.02 x 10의 23승, 대충 602해 개)만큼이나 되는 아주 많은 원자로 이루어져 있다. 그러한 계에서는 이웃해 있는 상태 사이의 에너지값의 차이는 그 수준에서는 아주 작고 에너지는 연속적인(continuous) 값으로 인식된다. 이것이 바로 보어(Niels Bohr, 1885~1962)가 처음으로 설파한 '양자수가 커지는 극한에서는 양자물리학이 고전물리학과 같은 결과를 보여준다'라는 대응원리라는 명제이다. 우리들의 감각이 직접 미치지 못하는 미시세계에서는 양자물리학의 예측이 맞는데, 그 양자물리학의 결과를 양자수가 큰 거시세계로 확장하면 고전물리학의 예측과 같은 결과를 보인다는 취지이다. 대응원리에 대해서는 앞의 '빛은 입자로 되어 있다'에서 자세히 설명하였다.

원자 또는 전자의 에너지 준위의 존재는 미시세계의 물리량에 대한 양자화의 한 예이다. 우리의 일상생활에서 접하는 물체들의 전기량이나 에너지 등은 연속적인 값을 갖는다. 이와 달리, 미세한 세계에서 물질은 특정한 질량을 갖는 기본 입자들로 구성되어 있다. 입자가 갖는 전기량의 값인 전하(電荷)는 항상 전자 하나가 갖는 전기량인 1.6×10^{-19}C(쿨롱) 값의 정수배로 나타나며, 진동수가 v(뉴)인 전자기파는 각자의 에너지가 hv인 광자의 흐름으로 나타난다. 또한, 안정한 계를 이루는 물질들에 있는 원자와 같은 기본 입자들은 특정한 에너지의 값 즉 양자화된 값만 가질 수 있다. 사실 자연계에서 모든 양(量)은 양자화(量子化, quantization)되어 있다. 그리고 우리의 몸을 구성하는 물질을 포함하여 우리 주변의 모든 물질의 익숙한 성질들을 규정하는 기본 입자들인 전자, 양성자, 중성자들의 모든 상호작용 방법에도 이 양자화가 관여하고 있다.

 어떤 물질 혹은 계에는 원자들이 수가 아주 많아서 각각의 원자 상태에 모두 관심을 가지고 계의 성질을 설명하는 것은 사실상 불가능하다. 우리는 어떤 물리적인 현상을 설명하기 위해서 관심 있는 부분의 에너지 준위들만 생각하고 이들 에너지 준위 간의 상호 관계나 연관성을 이해하면 된다. 우리가 관심을 두고 있는 계에서 가장 낮은 에너지 상태 E_1을 바닥 상태(ground state) 혹은 한자어로 기저상태(基底狀態)라고 부른다. 그보다 높은 준위들인 E_2, E_3, E_4, …… 등은 들뜬 상태(excited state) 혹은 한자어로 여기상태(勵起狀態)라고 말한다.

 원자는 어떻게 에너지를 흡수하고 방출하는가? 충돌하는 원자를 바닥 상태에서 위로 들뜨게 하는 데에는 두 가지 방법이 있다. 하나는 운동에너지를 갖는 다른 입자와 충돌시키는 것으로 충돌이 일어나는 동안 입자의 운동에너지 중 일부가 원자에 의하여 흡수되어 들뜬상태로 된다. 이렇게 들뜬 원자 하나는 하나 또는 그 이상의 광자를 방출하면서 바닥 상태로 되돌아오게 되는데, 이때 소요 시간은 (10의 −8승)초, 즉 1억 분의 1초 정도로 상당히 짧다. 가스가 들어 있는 관 안에 있는 두 개의 전극 사이에 강한 전기장을 걸었을 때 특징적인 빛이 방출되는 네온사인과 수은등이 친근한 예이다. 거의 진공인 관 안에 들어 있는 가스가 네온일 경우 붉은색을 띠고, 수은 증기일 경우 푸른색을 띤다. 또 다른 여기 방법으로는 높은 에너지 준위로 올라가는데 꼭 알맞은 에너지의 광자를 흡수시켜 그 에너지를 받은 전자가 들뜬 상태로 올라가도록 하는 것이다. 예를 들면 수소 원자가 n=2인 들뜬상태에서 n=1인 바닥상태로 떨어질 때 파장이 121.7 nm인 광자를 방출하는데, 역으로 처음 n=1인 상태에 있던 수소 원자가 파장이 121.7 nm인 광자를 흡수하면 n=2 상태로 들뜨게 될 것이다. 이렇게 에너지 준위가 변천하는 개념으로 레이저의 원리를 설명할 수 있는데, 이는 뒤에 자세히 설명할 예정이다.

　모든 자연적인 상태는 가능하면 에너지가 낮은 상태를 유지하려고 하는 경향이 있다. 들뜬 상태에 있는 계는 허용만 된다면 가능한 짧은 시간 안에 바닥 상태로 돌아오려고 한다. 이렇게 빠르게 원래 상태로 되돌아오는 현상은 우리 인간들이 일상생활에서 경험한다. 우리가 희로애락으로 흥분된 상태가 되면 얼굴에 홍조를 띠고 정신 상태의 붕괴가 일어난다. 그러면 당사자는 금방 주위를 살피고 '내가 왜 이러지' 하며 정신을 차리고 원래의 상태로 되돌아오려고 노력한다. 흥분된 상태는 정상적이 아니고 건강에 해롭고 본인의 사회생활에 도움이 되지 않는다는 것을 알고 있기 때문이다. 이렇듯 흥분된 상태는 영어로 excited state

인데, 이 말을 학술적으로는 들뜬 상태라고 번역하여 사용하고 있다. 흥분된 상태에 있는 사람이 자력으로 빨리 원상태로 돌아오지 않는다면 급히 의학적인 처치를 취해야 한다. 우리는 일상생활에서 어떤 일에 집중하고 나면 에너지가 소진되어 바닥에 이르렀다는 표현을 쓴다. 바닥인 에너지를 보충하기 위하여 우리는 휴식을 취하고, 영양분을 섭취한다.

여기서 잠깐 양자 세계에서 사용하는 에너지의 단위를 생각해 보자. 보통 전자 등 미세 입자들의 세계에서 에너지의 크기는 아주 작다. 에너지의 단위는 J(주울)인데 전자기학에서는 1C(쿨롱)의 전기량을 1V(볼트)의 전압 아래에 유지하는 데 필요한 에너지가 1J이다. 전자의 전기량은 1.6×10^{-19}C(쿨롱)이니까 전자 한 개가 1V의 전압 아래에서 갖는 에너지는 1.6×10^{-19}J이 된다. 이 값은 아주 작은 값이고 지수가 있어서 사용하기에 불편하니까 1V의 전압 아래에 놓여 있는 전자 하나의 에너지를 간단하게 1eV라고 표시한다. 즉 1eV = 1.6×10^{-19}J이다. 보통 가시광선을 이루고 있는 광자 하나가 갖는 에너지는 수 eV이다.

원자에서 양자수가 n인 상태의 에너지(E_n)는 바닥 상태의 에너지(E_1)에 양자수의 역제곱을 곱한 값이다. 양자수 n이 증가함에 따라 그에 해당하는 에너지 E_n은 0에 가까워진다. 양자수가

∞인 극한에서는 원자의 에너지가 0이고 이때 전자는 그 원자핵에 속박되지 않는다. 원자핵-전자 계에서 양의 에너지를 갖는 전자는 자유전자(free electron)라고 하며 만족시켜야 할 양자 조건은 없다. 물론 이런 핵-전자 계는 원자를 이루지 못한다. 바닥 상태 원자에서 전자 하나를 원자핵으로부터 떼어내는 데 필요한 일을 그 원자의 이온화 에너지(ionization energy)라고 한다. 따라서 이온화 에너지값은 $-E1$이며, 바닥 상태의 전자를 $E=0$인 상태로 끌어올려 원자핵으로부터 자유롭게 만드는 데에는 이만큼의 에너지가 공급되어야 한다. 수소 원자의 경우 바닥 상태의 에너지가 -13.6 eV이므로 수소의 이온화 에너지는 13.6 eV이다. 높은 양자수를 갖는 수소 원자는 실험실에서 만들어지거나 우주 공간에서 관찰된다. 만약 외부의 전자와 충돌하여 바닥 상태(E1, -13.6 eV)의 수소 원자 내의 전자가 $n=3$인 들뜬 상태(E3)로 들뜨게 된다면, 이때 외부 전자가 수소 원자에 전달한 에너지는 두 상태에서의 에너지 차이(ΔE)와 같다.

$$\Delta E = E3 - E1 = E1/9 - E1/1 = E1(1/9 - 1) = (-13.6 \text{ eV})(-8/9) = 12.1 \text{ eV}$$

자연에서 관찰되는 오로라(aurora)는 캐나다, 알래스카, 시베리아, 노르웨이, 아이슬란드 등 위도 60~80도의 북극권에서 날

씨와 운이 좋은 야간에 볼 수 있다. 오로라는 지구의 성층권에서 태양으로부터 태양풍(solar wind)의 형태로 빠른 속도 즉 큰 운동에너지를 갖고 지구에 전달되는 대전입자(帶電粒子)인 양성자와 전자에 의해 대기권에 있는 산소나 질소 원자의 에너지 준위가 들떠 있다가 바로 원래의 바닥 상태로 되돌아오면서 그 에너지가 광자(photon) 즉 빛으로 방출되는 현상이다. $E = h\nu = hc/\lambda$의 관계로부터 방출되는 각 광자에 해당하는 주파수 혹은 파장을 알 수 있는데, 우리 눈은 그 빛을 특정한 색깔로 인식하고 있다. 오로라의 빛깔에는 황록색 · 붉은색 · 황색 · 오렌지색 · 푸른색 · 보라색 · 흰색 등으로 다양하다. 비교적 저위도 지방에서 나타나는 초록색 색조는 산소 원자에서 나오는 파장 6,300 Å의 빛에 의한 것이며, 고위도 지방의 호상(弧狀) 오로라의 최하한에 나타나는 붉은색은 산소와 질소 양쪽에 기인한다고 알려져 있다. 오로라라는 말은 '새벽'이란 뜻의 라틴어에서 왔으며, 로마신화에 등장하는 '여명의 신' 이름을 딴 것이다. 어린이 만화 영화에 나오는 오로라 공주는 이러한 신화에서 따온 듯하다. 오로라는 극광(極光)이라고 불리기도 하며, 영어로 노던 라이트(northern light), 동양에서는 한자어로 적기(赤氣)라고도 한다.

　다시 정리하면, 오로라는 태양으로부터 지구에 들어오는 전하를 띤 입자가 대기 중에 있는 원자와 충돌하면서 원자의 에너지 상태가 변하는 과정에서 나오는 빛이다. 그 과정에서 상태의 변화에 따르는 에너지값의 차이가 우리 눈에 색으로 식별된다. 앞에서 모든 복사는 스펙트럼을 이룬다고 설명한 바 있다. 가시광선이 프리즘 같은 분광기를 통과하면 에너지 혹은 파장에 따라 굴절률이 다르므로 분산을 일으켜 각 성분으로 분해되는데, 파장 혹은 에너지의 순서로 배열되면 이를 스펙트럼이라고 부른다. 스펙트럼 띠의 상태에 따라 연속・휘선(輝線)・대상(帶狀) 스펙트럼으로, 또는 방출・흡수 스펙트럼으로 분류한다. 여러 가지 원자나 분자에서 나오는 빛은 각기 고유한 스펙트럼을 가지고 있어서 이것을 토대로 한 연구는 원자나 분자의 구조를 밝히는 데 이용한다.

고체는 에너지띠를 형성한다
—에너지 대역과 에너지 밴드 갭

    오스트리아에서 태어나서 독일에서 공부하고 연구하다가 제2차 세계대전 중에 미국으로 이주한 파울리(W. Pauli, 1900~1958)는 1925년 한 개 이상의 전자를 갖는 원자들의 전자 배치에 관한 기본적인 원리를 발견하였는데, 이를 배타원리라고 말한다. '한 원자에서 같은 양자 상태에 두 개 이상의 전자들이 함께 존재할 수 없다.' Pauli는 원자에서 나오는 빛의 스펙트럼을 연구하여 배타원리를 유추하였다. 원자의 스펙트럼으로부터 그 원자의 여러 상태를 결정할 수 있으며 또한 이 상태들의 양자수를 추정할 수 있었다.

    배타원리에서 배타(排他)라는 말은 '남을 배척한다'라는 무시

무시한 말인데, 시사용어로 주권국가의 연안에 '배타적 경제수역'이 인정된다. 배타원리가 영어로는 exclusion principle인데, exclusion은 '독점', '전속'이라는 용어로도 번역된다. 요즘은 별로 쓰지 않는 말이지만, 어느 연예인이 한 회사의 제품만을 위해 모델 활동을 하면 그를 그 회사의 '전속 모델'이란 말을 썼다. 어느 유명인이 한 언론 매체와만 회견하면 그 매체에서는 독점 인터뷰(exclusive interview)라고 하면서 특종이라고 대서특필하였다. 특허 같은 지식재산권에 관한 계약을 시행할 때 소유권자가 이용자에게 독점적인 권리(exclusive right)를 허여(許與)하냐, 아니면 제3 자에게도 비슷한 권리를 허여할 수 있는 비독점적인(nonexclusive) 계약이냐에 따라 계약 금액에 큰 차이가 날 수 있다.

현대의 원자론에 의하면 원자는 원자핵과 전자로 이루어져 있고 둘은 전기력으로 묶여 있다. 원자핵은 전자보다 1,800배 이상 질량이 더 나가며, 원자나 원자핵의 크기는 추정하고 있으나, 전자의 크기를 얘기하는 사람은 없다. 전자는 더 이상 나뉠 수 없는 물질의 최소 단위라고 믿고 있다. 전자는 색도 모양도 없다. 그 내부에 더 작은 세부 구조도 없다. 전자들은 서로 구별할 수 없을 정도로 완전히 똑같다. 이는 마치 똑같은 제복을 입고 있는 연병장의 병사들과 같다. 병사들은 체격이나 얼굴이 달라도 오직 지휘자의 구령에 따라 훈련한 대로 움직일 뿐이다.

원소(element)의 원자번호(atomic number)가 그 원자가 갖는 전자의 개수가 된다. 수소(H) 원자는 전자를 하나만 가지고 있다. 원자번호 2번인 헬륨(He) 원자는 2개의 전자를 갖고 있다. 철(Fe) 원자는 26개의 전자를, 우라늄(U) 원자는 92개의 전자를 거느리고 있다. 하나의 원자에 속해 있는 전자들은 파울리가 발견한 배타원리에 따라 질서정연하게 낮은 에너지 상태부터 차근차근히 자기 자리를 차지하고 있다. 이미 아래의 낮은 에너지 상태가 채워져 있으면 다음 전자는 그보다 한 단계 높은 상태에 위치하게 된다. 원자의 어떤 양자 상태를 먼저 차지하고 있는 전자는 그 상태에 대해서 다른 전자에 대해 배타적이고 독점적인 지위를 갖고 있다.

헬륨, 아르곤(Ar), 네온(Ne)같이 주기율표의 제일 오른쪽 칸에 있는 원소들은 불활성(inert) 원소라고 부르는데, 상온에서 전자들이 허용된 모든 양자 상태를 완전히 채워서 원자 하나하나가 부족함이 없어 자유공간에 원소 하나로 존재할 수 있다. 이들 원소를 불활성 기체라고도 부르는 이유이다. 수소나 질소 혹은 산소는 두 개의 원자가 모여 H_2, N_2, O_2 같은 분자를 이루는데, 소속된 모든 전자의 양자 상태를 완전하게 하여 상온에서 기체 상태로 자유공간에 존재하게 된다. 그러나 다른 원소들은 대부분

소속된 전자들의 양자 상태를 완전하게 만들기 위해 고체나 액체 같은 응집체(condensed matter)를 이루게 된다. 그 결과 '1' 뒤에 '0'이 23개 이상이나 붙은 어마어마하게 큰 아보가드로 수만큼의 원자들이 상하, 좌우, 전후로 빽빽하게 밀집되어 있다. 이런 상황에서도 그 많은 소속 전자들은 배타원리를 준수하며 낮은 에너지 준위(energy level)부터 차곡차곡 허용된 양자 상태를 채우게 된다.

고체에서 반복적인 주기를 가지고 원자들이 배열되어 있으면 우리는 이 고체를 결정(crystal)이라고 부른다. 이런 결정 내에 있는 전자들은 서로 영향을 주어 에너지 준위가 몰려 있는 에너지 대역(energy band)을 형성한다고 고체물리학자들은 예측한다. 여기서 밴드(band)라는 말은 그 모양이 상처 부위에 붙이는 밴드나 대형행사에서 볼 수 있는 음악 밴드 일명 악대(樂隊)를 닮았다고 해서 그렇게 부른다. 고등학교 음악 밴드나 육해공군의 군악대를 연상하면 된다. 대형 행사에서 보면 각 악대는 여러 가지 악기를 든 대원들이 열을 맞추어 이동하고 있다. 악대와 악대 사이에는 공간이 존재한다. 그 공간에는 보통 지휘자(band master)가 있지만, 그 외에 사람이 거기에 있으면 안 된다. 저 아래 하층부에 있는 에너지 준위부터 전자의 에너지 상태가 채워지게 되는데, 제일 상층부에 있는 몇 개의 에너지 대역이 결정의 성질을 좌우한다. 제일 상층부의 대역을 전도 대역(conduction band), 바로 아래의 대역을 가전자 대역(valence band)이라고 부르고, 두 대역 사이의 공간을 금지 대역(forbidden band)이라고 부른다. 금지 대역의 에너지 폭을 에너지 밴드 갭(energy band gap)이라고 부른다.

대역(帶域)을 줄여서 대(帶)라고 부르기도 하는데, 순전한 우리말로는 '띠'라고 부르기도 한다. 가죽으로 만든 허리띠를 혁대(革帶)라고 하고, 사람들은 머리에 머리띠를 즐겨 맨다. 옛날의 머리띠는 할머니들이 독감에 걸려 머리가 아프면 흰 대님을 잘라 머리에 매고, 아픈 게 나을 때까지 매고 있었다. 요즘에는 젊거나 어린 여성이 멋으로 머리에 밴드라는 이름의 플라스틱 띠를 두르고 있다. 또한 시위 현장에서는 시위자들이 머리에 천을 질끈 동여맨 모습을 볼 수 있다. 책 출간을 준비하면서 알게 된 말에 띠지라고 있다. 새 책을 서점에서 살 때 책을 바깥에서 두르고 있는 폭 5cm 정도의 띠를 말한다. 띠지 안에는 주로 책에 대한 광고 문구를 기재하고 국제적으로 통용되는 도서의 식별번호인 ISBN 바코드 등을 찍어 넣고 있다.

금속 결정에는 금지 대역이 존재하지 않는다. 즉 금속의 에너지 밴드 갭은 0(영)이다. 그래서 전기적 에너지를 금속에 주면 에너지 밴드의 상층부의 상태에 존재하고 있는 전자들이 그 전기적 에너지를 받아 더 높은 에너지 준위인 상태로 올라가게 되고, 그 비어 있는 상태를 주위의 다른 전자들이 채우게 된다. 결국 전자들이 이동하게 되어 우리는 금속은 전기를 잘 통한다는 뜻으로 도체(conductor)라고 부른다. 부도체(insulator)는 에너지 밴드 갭이 커서 웬만한 전기적 에너지로 가전자대(價電子帶)에 있는 전자들이 에너지 밴드 갭을 뛰어넘어 전도대(傳導帶)로 가기가 쉽지 않다. 반도체(semiconductor)는 에너지 밴드 갭이 어느 정도 되나 전자들이 전기나 빛 에너지로 금지대(禁止帶)를 뛰어넘을 수 있는 정도이고, 적절한 도핑으로 전기를 통할 수 있다.

결정(고체)에 빛이 쪼이면, 빛에 속한 광자의 에너지가 결정에 속한 전자에게 전달된다. 지금까지 색에 대한 글에서 색이란 발광체로부터 온 빛에 물체가 반응하는 결과라고 설명하였다. 이러한 근거로 새벽이나 저녁에 보이는 노을의 색깔, 파란 창공이나 바닷물의 색깔을 설명한 바 있다. 식물의 색이 녹색인 이유는 여러 가지 파장의 빛 중에서 유독 녹색에 해당하는 빛을 이파리에 있는 엽록소가 흡수하지 않아 우리 눈에 반사되어 녹색으로 보인다고 설명하였다. 꽃과 낙엽의 색깔에 대해서도 비슷한 방법으로 설명한 바 있다. 고체의 색깔은 그것이 유기물이든 무기물이든 에너지 대역의 개념으로 설명하면 깔끔하게 해결할 수 있다.

앞의 글 〈빛이란 무엇인가?〉에서 가시광선의 파장이 380~750nm라고 하였다. 가시광선의 해당 에너지값은 수 eV 수준인데, 구체적으로 보라색은 3.3 eV, 빨간색은 1.7 eV 정도이다. 결국 고체의 에너지 밴드 갭의 크기와 가시광선의 에너지값을 비교하면 우리 눈에 어떤 색으로 보일까를 알 수 있다. 앞으로는 물질의 에너지 대역, 구체적으로 에너지 밴드 갭의 개념으로 색을 해석해 보려고 한다.

사파이어
—컬러 센터

　나는 2013년 7월 초에 중동 지방을 여행할 기회가 있었다. 이집트 카이로에 가서 바로 비행기로 룩소(Luxor)로 이동하여 고대 이집트 왕조의 유명한 무덤군과 신전들을 관광하고 돌아와 카이로 근처 기자에 있는 피라미드와 스핑크스를 보고 나서 버스로 시나이반도의 사막 지대를 통과하여 시내(Sinai) 산에 도착하였다. 시내산은 시나이반도 남쪽의 사막 한가운데 우뚝 솟아 있는 화강암의 바위산이다. 시내산은 여러 개의 주봉(主峯)으로 이루어져 있다. 이 주봉 중 하나가 아랍어로 '게벨 무사'(모세의 산)라고 지칭되는 해발 2,285m인 봉우리이다. 산 아래 숙소에서 자는 둥 마는 둥 하고 새벽에 일어나 어둠 속에서 약 두 시간 산정으로 등산하였다. 사진에서 보면 정상 근처에 나무 하나 없는 바위산이다. 산 위에서 일출을 보고 붉은빛의 노을을 감상하였다. 내려오는 길에 가이드분이 하늘을 쳐다보며 '아마 모세 시절의 하늘도 저렇게 보이지 않았을까 생각한다'라며 다음 구절을 소개하였다. 여기서 하늘이 사파이어 보석의 색깔처럼 청명(晴明)하다고 표현하고 있다.

> 그 발아래에는 청옥을 편 듯하고 하늘같이 청명하더라(Under his feet was something like a pavement made of sapphire, clear as the sky itself).
> —<출애굽기> 24:10

참고로 중동 여행 이야기를 조금 더하면, 시내산 아래에 2세기 중엽에 로마의 박해를 피해 기독교도들이 은둔해 살던 성 캐서린 수도원이 보존되어 있다. 근처의 오아시스를 중심으로 발달해 있는 유적지를 몇 군데 돌아보고 조금 북쪽으로 이동하면, 이집트와 이스라엘의 국경이 만나는 타바라는 소도시가 나온다. 여기서 버스에 앉아서 기다리다가 예약된 시간이 되면 이스라엘에 들어가는 입국 수속(入國手續)을 실시한다. 이스라엘에 입국하면 이웃해 있는 항구도시 에일랏으로 들어가는데, 그 도시 바로 옆은 요르단 땅으로 요르단에서는 도시 이름을 아카바라고 한다. 거기서부터 요르단과 이스라엘 지역의 유적지들을 며칠간 관광하였다. 여행 갔다가 돌아온 지 얼마 지나지 않아 타바에서 자폭테러가 발생해서 한국인 관광객이 사상을 입은 불상사가 일어났음을 TV 뉴스에서 보도하였다. 관광객들이 버스에서 대기 중에 괴한이 폭탄을 몸에 설치하고 버스에 올라왔는데, 앞에 있던 그 가이드분이 몸으로 막아 피해를 그나마 최소화할 수 있었다고 한다. 내가 그때 위험한 지역을 참말로 겁 없이 여행했다고 생각하였다.

예로부터 하늘을 상징하는 돌이라고 알려진 사파이어(sapphire)는 '푸르다'라는 의미를 가진 라틴어 'Sapphirus'에서 유래되었다고 한다. 성경에 보면 여러 종류의 보석이 나온다. 사파이어는 아주 오래전부터 지금까지 기독교를 상징하는 보석으로 쓰였다. 그런 연유로 사파이어는 덕망과 자애를 의미하며 성실함과 진실함을 나타낸다. 위 인용 구절에도 나와 있지만, 사파이어를 한자어로 청옥(靑玉)이라고 한다. 청옥이라는 말은 근대 일본에서 번역하면서 붙인 단어고 중국에서는 예로부터 남보석(藍寶石)이나 청보석(靑寶石)이라고 불렀다. 서양에서는 사파이어를 비롯하여 루비, 에메랄드, 다이아몬드를 4대 보석으로 치고 있다.

사파이어의 주성분은 알루미늄(원소기호로 Al)과 산소(원소기

호로 O)의 화합물인 알루미나(Al_2O_3)이다. 루비의 주성분도 알루미나이다. 주요 성분이 같은 광물인데 루비는 붉은색이고, 사파이어는 청색으로 우리 눈에 보인다. 알루미나 결정의 에너지 밴드 갭(energy band gap)의 수치는 가시광선 중 에너지값이 가장 큰 보라색의 에너지(3.3eV)보다 훨씬 크다. 즉 가시광선의 '빨주노초파남보' 광자들이 갖는 에너지가 금지 대역의 폭(에너지 밴드 갭)보다 작아, 알루미나 결정의 가전자대의 상부에 있는 전자들이 광자들의 에너지를 흡수하여 금지 대역 너머에 있는 전도대 하단의 에너지 상태로 건너갈 수가 없다. 그러므로 알루미나 결정에 가시광선이 쪼이면 알루미나 결정의 전자들은 '빨주노초파남보'의 광자들의 에너지를 흡수하지 못하고, 소가 지붕 위에 있는 닭 쳐다보듯, 모두 그냥 통과시키고 만다. 알루미나를 통과한 빛들은 가시광선의 여러 가지 파장의 빛이 섞여 있어서 우리 눈에는 흰색 즉 무색으로 보인다. 유리창이 빛에 투명한 것과 같은 이치이다.

주성분이 무색을 띠는 고체로 되어 있는데 광물이 색깔을 띠게 되는 이유는 그 고체(결정)에 혼입(混入)되어 있는 불순물 원자 때문이다. 에너지 밴드 갭이 큰 결정에 불순물 원자가 있으면 금지 대역 가운데에 그 원자가 에너지 준위를 형성하게 된다. 루비 광물의 붉은색은 알루미나 결정에 크롬(Cr) 원자가 불순물로 혼입되어 있기 때문이다. 루비의 Cr 불순물 원자 안에 있는 전자들이 외부에서 비친 빛을 흡수하고 들뜬 상태로 되었다가 곧 낮은 상태인 준안정상태로 천이가 일어나며 그때 줄어든 에너지값에 해당하는 붉은색 빛을 방출한다. 루비에서의 에너지 준위 간의 천이는 나중에 루비 레이저의 원리를 설명할 때 상세히 설명하고자 한다. 가시광선보다 더 높은 에너지의 광자들을 갖는 자외선에 노출된 루비 결정은 진한 빨간색 빛을 방출한다. 루비를 이루는 주성분은 빛(자외선)에 투명하지만, 거기에 혼입된 불순물 원자가 금지 대역 안에 에너지 준위를 형성하여 광자들을 포획했다가 방출하기 때문이다. 루비와 같이 알루미나가 주성분이면서 사파이어 보석이 청색을 띠는 이유는 철(Fe)과 티타늄(Ti) 불순물 때문이라고 알려져 있다. 이러한 원자 수준의 불순물을 컬러 센터(color center)라고 부른다.

 사파이어는 보통 푸르고 투명한 파란색의 보석으로 알고 있지만, 실은 노란색, 자주색, 주황색, 초록색도 있다. 이는 사파이어 보석 내에 다양한 컬러 센터의 존재로 생기는 현상이다. 청색 사파이어가 아닌 다른 색상들의 경우 보통 '팬시 사파이어'라고 분류된다. 핑크와 오렌지색을 띠고 있는 사파이어도 있는데, 이 두 가지 색이 조화롭게 섞여 있는 사파이어의 경우 청색 사파이어보다 더 높은 가치로 판단되기도 한다. 그러나 그것은 어디까지나 매우 드문 경우이며, 최고의 품질을 가지고 있는 청색 사파이어야말로 가장 희귀하고 귀중하다고 보석 감정가들은 판단하고 있다. 푸른 사파이어끼리도 색상을 구분하여, 같은 '블루 사파이어' 중에서도 파란 계열의 보석이 값이 비싸고 색이 옅거나 진한 계열의 보석들의 값은 내려간다. 내포물(內包物)이 없을수록, 즉 투명도가 높을수록 사파이어는 더 높은 등급을 받는데, 이중 '콘플라워 블루 사파이어(cornflower blue sapphire)'라는 보석의 경우 내포물이 없는 수준으로는 최고 등급을 받는 사파이어라고 한다. 인지도가 높은 다른 색상의 '로열 블루 사파이어(royal blue sapphire)'는 '콘플라워 블루 사파이어'보다 좀 더 진해서 말 그대로 깊이 있는 파란색을 보여준다.

여기서 원자 불순물과 내포물의 차이점을 설명하고자 한다. 둘 다 모체를 이루는 원자 이외의 다른 원자가 혼입(混入)되어 있는 점에서는 같으나 불순물은 원자 수준에서 모체 원자 자리에 들어가 있어 우리 눈에 그 불순물은 보이지 않고 컬러 센터가 되어 보석이 영롱한 색깔을 내게 한다. 반면에 내포물은 불순물 원자들이 다른 원자들과 화합물을 이루어 모체 내에 별도로 존재하여 우리 눈에 뜨이고 모체 보석의 가치를 떨어트린다.

보석의 경우 금(흠집)이나 내포물이 있는 것과 거의 없는 것을 같이 놓고 보면 그 차이가 확연히 느껴진다. 좋은 사파이어 보석을 고르는 색 관련 기준은 색의 분명함, 색의 강렬함(채도), 색의 밝음이나 어두움(명도)의 세 가지라고 한다. 최상의 사파이어는 색이 뚜렷하게 파랗고, 채도가 적당히 강렬하고, 명도가 너무 높지도 낮지도 않다는 조건을 충족해야 한다. 즉 너무 어두워서 흑청색에 가깝거나 반대로 너무 연해서 무색에 가까우면 중간 톤의 파란색보다 급이 낮은 것이다.

사파이어와 헷갈리기 쉬운 저급의 보석으로 스피넬(spinel)이라고 있다. 청색 계열의 스피넬 보석 중에서 블루 계열 사파이어와 색이 흡사한 보석이 많아서 색만 보고 보석을 고를 때 유의하여야 한다. 화학성분이 전혀 다른데도 불구하고 서로 색이 비슷한 보석들이 은근히 많다. 스피넬은 광물 이름인데 그 광물의 원자 배열을 연구하면서 발견한 특정한 결정구조를 '스피넬 구조'라고 명명하면서 오늘날에는 공업적으로 중요한 역할을 하는 재료들의 결정구조 이름으로 쓰이고 있다.

역사적으로 모든 보석은 자연에서 채집 혹은 채굴되었다. 보석의 가치는 자연에서 발견되는 희소성으로도 평가되었다. 사파이어 매장량이 풍부한 남부 아시아나 동남아에서는 표사광상으로도 산출되므로 하천에서 자갈밭이나 토사를 헤집어도 작은 사파이어 덩어리가 나온다고 하는데 인도, 스리랑카가 아주 유명하다. 이러한 광석이 보석뿐만 아니라 공업적인 재료로 응용되면서 수요가 늘어났다.

이렇게 사파이어의 수요가 늘어나면서 인공적으로 사파이어 결정을 합성하려는 시도가 생겨났다. 합성 사파이어는 합성 다이아몬드에 비교하여 만들기가 그리 어렵지 않은 편으로, 1902년에 처음 만들어진 이후 많은 제조법이 고안되었다. 인공 합성법은 원료를 혼합하고 고온, 고압을 사용하는 특징이 있다. 현재는 상업적인 사파이어 합성에 용융 합성법(flame fusion)이 많이 사용된다. 이는 눈에 보기에만 아름다우면 되는 장신구 용도의 사파이어 합성일 경우이며, 더 빼어난 결정 품질이 요구되는 산업 용도의 사파이어 합성에는 수열 법, 온도 구배법, 초크랄스키(Czochralski) 법 등 더 비싼 합성법을 이용한다.

인공으로 만들기 쉽다는 사실보다 더 중요한 것이 얼마나 크게 만들 수 있냐가 중요한데, 합성 사파이어는 산화알루미늄(알루미나)을 원료로 하고, 결정의 성장 조건이 다른 유사 합성 결정보다 상대적으로 호조건인 관계로 충분한 시간과 돈, 장비만 있으면 한 번에 최대 500kg짜리 결정도 만들 수 있다. 이건 대단히 중요한 장점으로, 결정이라는 특성상 철판처럼 필요한 대로 성형하거나 접합시킬 수가 없고, 한 번에 만들어지는 크기가 결국 최종적으로 쓰일 수 있는 크기의 한계를 결정짓기 때문이다. 쉽게 말해 지름 3cm짜리 결정으로는 죽었다가 깨어나도 지름

4cm짜리 웨이퍼 제품을 만들 수 없다.

　인공 사파이어는 합성하기 수월하면서 경도는 다이아몬드 다음으로 높아서 초경(超硬) 재료로 공업적 수요가 많다. 한때 음악 애호가들 사이에 LP(long playing) 레코드가 유행하던 시대에는 레코드 바늘에 흰색이나 분홍색 사파이어를 사용했다. 고급 시계나 장식품의 '유리' 부분에 '사파이어 글라스'가 사용되기도 하였다. 웬만한 고급 시계의 글라스(유리알)는 대부분 인조 무색 사파이어 결정으로 되어 있다. 몇 년이 지나 시계 몸통은 세월의 흔적을 보이지만 사파이어 글라스만은 흠집 하나 없이 깨끗한 모습을 볼 수 있다. 무엇을 연마할 때 문지르는 사포(砂布)에도 사파이어 가루라 할 수 있는 알루미나가 도포되어 있다. 단순히 경도가 높을 뿐만 아니라 몇몇 물리적 특성들도 양호하여 여러 방면에서 응용되고 있다.

　사파이어 유리의 단점은 일반 강화유리보다 비싸고 너무 경도가 높아서 가공이 어렵고, 반사율이 높아서 광원 주변에 있을 때 많이 번쩍거린다. 사파이어가 경도는 높아도 충격에는 그리 강하지 않다. 얇은 만큼 충격에 매우 취약해서 이것으로 휴대전화의 전면 유리를 만들었다가 떨어뜨리면 잘 깨져버릴 가능성이 있다. 가격도 비싸거니와 스마트폰의 전면 유리로 사용되지 않는 이유이다. 화면에 스크래치(일명 흠집)가 생기면 기분 나쁘고 눈에 거슬리는 선에서 끝나지만 깨지게 되면 실로 난감하기 때문이다. 위에 언급한 압도적인 경도 덕에, 스크래치가 생기면 사실상 무용지물이 되는 카메라의 렌즈와 ID(identification) 확인용 터치센서의 커버 글라스에는 일반 유리가 아닌 사파이어 유리를 사용하고 있다.

사파이어 웨이퍼(wafer)는 특수 반도체 소자의 기판(substrate)으로 쓰인다. 보통 반도체는 실리콘 웨이퍼 위에 소자를 심지만, LED(light emitting diode) 같은 갈륨비소(GaAs) 계열의 화합물 반도체 소자를 제조할 때는 인공으로 합성한 사파이어 웨이퍼를 기판으로 사용한다. 합성 사파이어 결정은 군사용으로도 많이 활용하는데, 미사일이나 전투기 등에 적외선 탐색기의 전파 창(窓, window)으로 사용된다. 사파이어는 경도가 강하고 빛이 투과되는 대역이 넓으며 열 방사율이 낮은 특성으로 기타 군용 장비에서도 폭넓게 사용되고 있다.

에메랄드
―옥(玉)

에메랄드(emerald)는 청록색을 띠는 보석의 일종을 일컫는다. 에메랄드는 한자어로 녹주석(綠柱石)이라고 하는데 베릴륨, 알루미늄, 규소의 산화물인 무색의 베릴륨 사이클로 실리케이트($Be_2O_3 \cdot Al_2O_3 \cdot 6SiO_2$ 혹은 $Be_2Al_2Si_6O_{18}$) 결정에 크롬(Cr) 불순물이 포함되어 있다고 알려져 있다. 흑운모 편암이나 점판암에서 추출되며 주요 산지는 콜롬비아, 잠비아, 브라질, 파키스탄, 러시아 등인데 그중 콜롬비아산 에메랄드를 최고로 친다. 다이아몬드, 사파이어, 루비와 함께 에메랄드를 세계 4대 보석이라고 말하는 사람이 있을 만큼 인지도와 가격이 대단한 보석이다. 에메랄드는 녹색을 띠고 있어 신록의 계절에 걸맞은 5월의 탄생석으로 알려져 있다. 기원전 300~250년에 벌써 보석으로 가치를 인정받았을 정도로 오랜 시간 인류의 사랑을 받아온 보석이다. 에메랄드의 초록색은 식물의 잎처럼 가시광선 스펙트럼의 양 끝단의 빛인 파란색(B)과 빨간색(G)을 선별적으로 흡수하고 초록색(G) 빛은 흡수되지 않고 반사된 결과이다.

에메랄드 특유의 시원한 그린(green) 색은 지친 눈의 피로를 풀어주어 시력을 회복시키고 신경안정제의 역할을 한다고 하여 에메랄드를 자주 들여다보면 좋다고 믿었다. 이슬람교에서는 에메랄드의 투명한 빛을 성스러운 색으로 생각했다고 한다. 에메랄드 특유의 황홀한 빛깔은 영원불멸의 상징으로 자주 쓰이지만, 정작 에메랄드는 내구성이 극도로 약한 보석이다. 근본인 녹주석은 수정(水晶) 이상의 높은 경도를 가진 광석이나, 보석 에메랄드는 대부분 내부에 결함과 내포물(일명 jardin)이 가득하기 때문이다. 약간의 충격에도 금이 가거나 이 빠짐이 생기는 것은 물론이고 열에도 약해서 가스레인지 정도의 불로도 녹색 빛이 바래버린다. 여기서 내포물은 원자들이 바탕의 결정질과 구별되는 화합물을 형성하고 결정에 포함되어 있어 육안으로도 식별할 수 있으나, 앞 '사파이어' 절에서 컬러 센터라고 언급한 불순물은 원자 수준으로 포함되어 있어서 육안으로는 불순물이 보이지 않는다.

에메랄드 보석에 열을 가하면 빛이 바래는 현상은 크게 두 가지인데, 가스레인지 수준의 불을 들이대면 녹색 빛이 없어지고 하늘색 빛만 남는다. 그리고 두 번째 경우는 에메랄드 보석에 부여하는 오일 처리 때문이다. 에메랄드는 대부분 산지에서 커팅을 끝낸 후 꼭 오일 처리를 한다. 오일 처리를 하면 내부의 얼(흠)에 오일이 스며들고 식은 후 굳으면 어느 정도 이 얼이 가려지면서 투명도가 향상된다. 그런데 에메랄드 보석에 열을 가하면 이 오일이 녹아 흘러나와서 색이 변한 것으로 보일 수가 있다. 초음파 세척도 하면 안 된다. 숙련된 보석 세공사들조차 에메랄드 보석이라고 하면 진저리를 친다. 대부분의 천연 에메랄드는 확대해서 보면 육안으로도 볼 수 있는 내포물을 많이 품고 있다. 기본적으로 보석은 내포물이 적고 깨끗할수록 상등품으로 치지만, 에메랄드는 완벽한 원석이 존재하지 않다시피 하는 탓에 결함이 있는 것이 오히려 '천연석'이라는 증거가 되어, 결함이 없는 합성석의 가격보다 몇 배나 더 높다.

이렇듯 에메랄드 천연석의 값어치 자체는 말할 필요도 없지만, 인공적인 합성석의 가격도 상당하다. 알루미나(Al_2O_3)인 루비나 사파이어의 합성석은 설비만 갖춰져 있다면 단시간에 용융(flame fusion) 법으로 합성할 수 있지만, 베릴륨 사이클로 실리케이트 결정인 에메랄드 합성석은 수열(hydrothermal) 합성법으로 만들어야 하기 때문이다. 수열 방법은 용액 합성이기 때문에 몇 달씩의 장시간이 걸리고, 습식이라 결정성 관리도 어렵다. 합성 에메랄드 중 가장 유명한 것은 바이런 에메랄드(Biron emerald)로, 화학적 구성 자체는 천연 에메랄드와 똑같고 흠 하나 없이 말끔한 결정이나 색감이 천연 에메랄드와 미세하게 차이가 난다.

에메랄드 보석은 이제나저제나 내구성 문제로 인해 애초에 천연의 좋은 알(원석)은 없다시피 하고 조금 품질이 떨어지는 알들조차 가격이 비싸다. 더구나 관리가 조금만 소홀하면 쩍쩍 깨져 나가고 인공 합성으로 양산하자니 그 방법 또한 까다롭다. 사정이 이러하니 가격은 희소성의 원리에 의해 하늘을 뚫을 기세이다. 에메랄드는 희소성과 가격만 따지면 보석계의 끝판왕이라고 볼 수 있다. 우리나라에서는 에메랄드 보석이 ROTC 장교의 임관 반지에 사용되고 있다고 알려지지만, 실제로는 YAG(yttrium aluminium garnet)나 색이 들어간 큐빅 지르코니아(ZrO_2) 결정을 쓴다고 한다. 아시아 지역에서 태풍의 이름으로 태국어로 에메랄드라는 뜻인 모라꼿이 쓰였다가 지금은 제명되었다고 한다. 태풍 모라꼿이 2009년 대만에서 800여 명에 이르는 사상자를 내었다. 우리나라에서는 사라(1959년), 루사(2002년), 매미(2003년), 힌남노(2022년) 등이 큰 피해를 준 태풍으로 기억된다.

돌담에 속삭이는 햇발같이

풀 아래 웃음 짓는 샘물같이

내 마음 고요히 고운 봄 길 위에

오늘 하루 하늘을 우러르고 싶다

새악시 볼에 떠오는 부끄럼같이

시의 가슴 살포시 젖는 물결같이

보드레한 에메랄드 얇게 흐르는

실비단 하늘을 바라보고 싶다.

—김영랑, <돌담에 속삭이는 햇발같이>(1930)

위 시는 시인 김영랑이 1930년 <내 마음 고요히 고흔 봄길 우에>라는 제목으로 발표되었다가 1935년과 1949년에 각각 간행된 그의 단독 시집에 '돌담에 소색이는 햇발'로 수록되었다고 한다. 찬란한 봄날의 정경 속에서 작가의 심미적 탐구 자세를 정감 있게 묘사한 김영랑의 초기 시이다. 지상의 세계에서 하늘을 동경하는 마음을 그리고 있는 서정시이다. 시가 발표된 1930년대의 불행한 현실 속에서 밝고 평화로운 세계를 동경하는 마음을 '돌담에 속삭이는 햇발', '풀 아래 웃음 짓는 샘물', '시(詩)의 가슴에 살포시 젖는 물결'과 같은 어휘로 나타내고 있다. 이 시에서 영랑은 하늘을 에메랄드빛이 얇게 흐르는 실비단에 비유하고 있다.

 이렇듯 우리는 시나 노랫말에 바다나 하늘을 수식할 때 '에메랄드빛 바다' 혹은 '에메랄드빛 하늘'이라는 표현을 쓴다. 그러나 에메랄드는 녹색에 가깝고 보통 하늘이나 바다는 청색 계통으로 표현하므로 이는 정확한 표현은 아니라고 생각한다. 아마도 색깔의 명칭에 관한 공부가 부족했거나 청색과 녹색을 언어적으로 구분하지 못하는 언어적 '청록 색맹'의 결과가 아닐까 생각한다. 간혹 호수나 바다의 색깔이 녹색을 띠는 경우가 있다. 이는 물에 녹조나 수중식물 등의 생물이 자라고 있거나 구리 등 금속 이온이 녹아 있기 때문이라고 해석된다. 그렇다면 '에메랄드빛 바다나 호수'는 부유물이 떠 있는 오염된 물이지 결코 청명한 느낌을 주는 맑은 물은 아니다. 다음 노래에서 여성의 마음을 설레게 한 남자의 에메랄드빛 넥타이는 어떤 계열의 색이었을까 궁금하다. 초록색 혹은 청색?

> 에메랄드빛 딱 떨어지는 멋진 타이가 나의 마음을 설레게 해요.
> —강혜연, <왔다야>(2020)

 위 노래는 요즘 유행하는 트로트 곡의 하나로 신세대 트로트 가수인 강혜연이 불렀다. 이 구절의 리듬이 맘에 들고, 가사 내용이 훌륭해서 인용해 보았다. 방송의 영향이겠지만 요새 트로트 노래 열풍이 대단하다. 필자도 백수 시절에 TV에서 실시하는 트로트 가수 오디션 프로그램을 자주 보았는데, 그러는 가운데 옛날 트로트 노래를 젊은 가수들이 다시 부르는 것을 좋아하게 되었다. 우연한 기회에 강혜연 가수의 팬카페에 들어가게 됨으로써 그 세계에 발을 들여놓게 되었다. 강혜연 가수 팬클럽 이름이 '해바라기'인데 그곳에 회원으로 가입하고 팬카페에 글도 쓰고 노래도 듣고 하면서 팬카페의 세계를 알게 되었다.

　트로트 가수의 팬들이 동호회의 하나로 팬클럽을 결성하고 각종 행사에 단체로 참석하고 있는데, 필자도 상기한 '해바라기' 팬클럽에서 알려주는 행사에 여러 번 참가한 바 있다. 그런 행사에 가 보면 각 가수의 팬클럽별로 상징하는 색깔이 있다. 회원 대부분이 해당 색깔의 상의나 모자를 쓰고 있어서 금방 소속 팬클럽을 알아볼 수 있다. '해바라기' 팬클럽의 색깔은 꽃 이름에서 알 수 있듯이 노란색이다. 팬클럽별로 상징하는 색깔은 정말로 다양하다. 같은 계열의 색이라도 명암이나 색도에서 조금씩 차이가 나고 있다. 이런 사회적 분위기는 나름대로 의미가 있고 사람들의 정신 건강에 좋은 현상이라고 생각한다.

　에메랄드든, 루비든, 사파이어든, 다이아몬드든 이름이 그렇듯이 모두 다 서양의 기준에서 본 보석들의 이름이다. 전통적으로 우리는 보석으로 제일을 옥(玉)이라고 했다. 좋은 글자라고 여겨서 사람의 이름, 지명 등에도 쓰이고 있다. 훌륭한 사람을 비유하여 칭찬하거나 귀하게 여기는 말에도 쓰인다. '옥동자'라는 말도 있다. 속담에 '옥에 티'가 있듯이 정말 좋은 옥을 발굴하기는 쉽지 않았던 모양이다.

옥의 색깔이 어떤가를 생각해 보면 옥은 푸른색이라는 설명이 많이 나오는데, 사파이어같이 청색은 아니고 에메랄드같이 녹색 계통이었을 것으로 생각된다. 아래 시(가곡)에서 보면 '옥색 치마'가 가사에 나오는데, 저고리는 흰색, 치마는 초록색, 댕기에는 노란색, 하늘은 청색, 구름은 회색으로, 날아가던 제비도 놀래서 날기를 쉬고 볼 정도로 환상적인 오색 색깔의 향연이다.

> 세모시 옥색 치마 금박 물린 저 댕기가
> 창공을 차고 나가 구름 속에 나부낀다.
> 제비도 놀란 양 나래 쉬고 보더라.
> ―김말봉, <그네>(1946)

옥(玉)은 영어로 jade라고 하는데, 옥은 대개 치밀하고 경질(硬質)이며, 투명하여 아름답게 빛나고, 연마하면 광택이 난다. 보통 연옥(軟玉)과 경옥(硬玉)으로 나누며, 광물학적으로 연옥은 각

섬석의 일종이며, 경옥은 알칼리 휘석의 일종이다. 연옥은 유백색이 많으며, 녹색, 황색, 홍색도 있다. 경옥은 녹색이거나 백색이다. 색에 따라 여러 가지 명칭이 있으나, 백옥(白玉)과 비취(翡翠)가 대표적이다. 백옥은 흰 구슬이란 뜻이며, 색깔에 따라 홍옥, 청옥 등으로 부를 수 있다. 비취는 보통 반지로 유명하다. 좁은 뜻의 jade는 비취를 가리킨다. 고대로부터 동양에서 귀히 여겨 왔으며, 세공하여 장식이나 옥기(玉器) 즉 그릇으로 사용되었다.

다이아몬드
─호프 다이아몬드

다이아몬드는 인류 역사상 최고의 보석으로 치부(置簿)되어 왔다. 오래전부터 다이아몬드는 그의 희귀성, 견고성, 영롱한 색채 등으로 인하여 귀한 돌로서 여겨져 왔고, 오늘날에도 부와 위신의 상징으로 남아 있다. 다이아몬드는 4,000여 년 전 인도에서 채굴되기 시작했다고 알려져 있고, 남아프리카에서 거대한 매장량이 발견된 1867년부터 현대의 다이아몬드 역사는 시작된다. 그 뒤 다이아몬드 광맥을 찾기 위한 대규모 탐험이 시작되었고 유럽 각국이 각축을 벌이면서 아프리카 대륙의 운명을 바꿔 놓았다.

다이아몬드는 감람석(橄欖石)이 많은 반암(斑岩)(olivine-rich

porphyry)으로 이루어진 암석 내부에 흩어져 있는 결정 형태로 발견된다. 이러한 암석을 kimberlite라고 부르는데, 지질학적으로 3,500피트 이상의 깊이와 직경 2,800피트 이하의 당근 모양의 'pipe'라고 부르는 암석 덩어리 안에서 발견된다. 남아프리카 공화국에 많은 kimberlite pipe가 발견되었지만 채굴할 만큼 충분한 양의 다이아몬드를 포함하고 있는 광산은 몇 안 된다. 1톤의 kimberlite 암석에 0.1~0.35 캐럿(carat)의 다이아몬드를 얻을 수 있으면 경제성 있는 pipe라고 평가한다. 남아프리카 Pretoria에 있는 Premier Mine 광산에서 채굴한 1억 톤의 암석으로부터 얻은 다이아몬드 양은 5.5톤이다. 즉 다이아몬드 수율이 0.0000055% 정도 된다. 이 중에서 이 광산에서 cullinan이라는 다이아몬드 원석으로 출하되는 양은 커팅 전의 무게로 3,106캐럿이다.

다이아몬드는 강이나 해변의 자갈 속에서도 발견된다. 실제로 오늘날 다이아몬드 생산량의 90% 이상이 사금(砂金)의 형태로 얻어진다. 보석으로 가공할 수 있는 고품위 원석은 채광량에 대한 비율로 보면 월등히 떨어진다. 전 세계에서 1년 동안 채광되는 다이아몬드의 약 50%는 산업적 이용으로밖에는 쓸 수 없는 'bort' 급이다. 연간 생산량의 단지 5% 정도만이 1캐럿 이상의 보석 커트용 다이아몬드 원석이다. 참고로 bort 혹은 'bortz'라는 말은 '하급 다이아몬드' 혹은 '연마용 금강석'이라고 사전에 번역되어 있다. 금강석(金剛石)은 다이아몬드의 한자식 표현이다.

1730년 이전에는 세계적으로 인도가 유일한 다이아몬드 공급지였다. 1867년 남아프리카에서 kimberlite pipe가 발견되기까지는 브라질이 다이아몬드의 주요 공급지였다. 남아프리카에서 최초로 다이아몬드가 발견된 곳은 Vaal강의 모래에서였다. 이 지역으로 광산업자들이 모이면서 근처의 콩고, 앙골라, 가나, 탄자니아 등에서도 pipe 광맥과 사금이 발견되었다. 사금 다이아몬드는 호주와 북미에서도 발견된다. 미국 아칸소 주에서도 kimberlite 암석이 발견되어 수천 개의 양질의 다이아몬드가 채굴되었다.

가공한 다이아몬드 보석의 품질을 결정하는 요소로 4C를 꼽고 있다. 4C는 color, cut, clarity, carat의 첫 글자이다. Color는 다이아몬드가 얼마나 무색(colorless)에 가까운가의 척도이다. 순수한 다이아몬드는 탄소 원자로 되어 있는 결정으로 에너지 밴드 갭이 6eV로써 상당히 커서 1.7~3.3eV 수준의 에너지를 갖는 가시광선에는 투명하여 무색이다. 따라서 다이아몬드의 색깔은 불순물로 인한 컬러 센터 때문이다. 보통 다이아몬드의 색은 황색(yellow)이 주이며 이외에 청색, 적색, 갈색 등이 있다. 자외선에 비쳤을 때 나오는 형광색도 중요한 다이아몬드 평가 요소이다. 보통 자외선 형광으로 청색을 띠며, 황색, 녹색, 핑크 등이 있다. Cut는 보석을 가공한 기하학적인 모양을 이야기한다. 보통 'heart and arrow' cut는 중량 손실을 어느 정도 감수하면서 예쁜 모양과 완벽한 대칭성을 유지하면서 연마된 다이아몬드 보석이며, 전체 다이아몬드의 1% 정도만이 이런 프리미엄급으로 연마되어 팔리고 있다. Clarity는 색깔이 얼마나 고우냐의 척도로서 확대경 아래에서 흠(결함)의 양에 의해 결정된다. Carat은 다이아몬드의 무게로서 다이아몬드의 크기를 결정한다고 볼 수 있다.

1캐럿(ct, carat)은 0.2g(그램)이다. 저울이 없던 시절에 지중해나 인도 지방에서 채취한 캐럽 나무의 열매의 크기가 일정해서 그 열매의 중량이 다이아몬드의 크기를 나타내는 단위가 되었다고 전해진다. 그런데 우리 일상생활에서 몇 캐럿짜리 다이아몬드라고 하면 커다랗고 아주 비싸고 귀한 보석이라고 생각되고, 우리 서민들의 예물에 쓰이는 금반지의 다이아몬드는 2부나 비싸면 5부라는 말이 있다. 여기서 부는 다이아몬드 보석을 정면이나 위쪽에서 보았을 때, 원형의 지름을 말한다. 보통 1캐럿짜리 다이아몬드의 지름이 6.5mm로서 6부 5리라고 부른다. 원형 컷일 때, 0.5캐럿이 5mm 정도 되어 5부라고 보면 된다. 1부는 0.1캐럿(ct)으로 지름 3mm이고, 2부는 0.2ct에 지름 3.8mm, 3

부는 0.33ct에 지름 4.4mm이다. 다이아몬드는 무거울수록 즉 크기가 클수록 가격이 기하급수적으로 늘어난다고 한다. 2캐럿짜리 다이아몬드 가격이 1캐럿짜리보다 단순히 2배가 아니라 엄청나게 올라간다고 들었다.

다이아몬드는 내부의 질소 원자 함유율에 따라 Ⅰ형과 Ⅱ형으로 분류된다. 두 형태(type)는 다시 a와 b의 두 종류로 구별된다. 대부분의 자연산 다이아몬드는 '타입 Ⅰa'에 속하고 질소 원자들이 불순물로 덩어리를 형성하고 있고, 보통 색깔은 갈색(brown)을 띤다. '타입 Ⅰb'는 질소 농도가 훨씬 낮고 고온고압 법으로 제조된 인조 다이아몬드가 여기에 속하며, 질소 원자가 탄소 자리에 치환되어 존재하고 색깔은 갈색이다. '타입 Ⅱ'는 질소 농도가 아주 작으며 자연산에서 2% 미만으로 발견된다. 이 타입의 다이아몬드는 질소보다 붕소를 많이 함유하며 푸른색이나 회색빛이 돈다. '타입 Ⅱb'의 원석에는 결정을 형성하는 탄소 원자 일부가 '붕소(B, boron)' 원자로 치환되어 있다.

세계에서 가장 아름답다고 알려진 'Hope Diamond'는 인도에서 채굴되어 유럽을 거쳐 현재는 미국의 스미소니언 박물관에 전시되어 있다. '호프 다이아몬드'는 위 분류에 따르면 아주 진귀한 '타입 Ⅱb'에 속한다. 이 푸른색 다이아몬드는 상처 하나 없고 그 반짝임은 마력의 아름다움을 발한다. 사파이어와 비슷하게 어두운 푸른색을 띠는 이 다이아몬드의 원석은 인도의 고르콘다에서 캐냈다고 알려져 있다. 인도의 어떤 힌두교 신전에 있던 라마 신상에서 훔쳐냈다는 설도 있다. 이 푸른색 다이아몬드를 1642년에 입수하여 1669년 맨 처음 유럽으로 갖고 들어온 사람은 보석상 장 바티스트 타베르니에(1605~1689)였다. 이 보석은 처음에는 소유자의 이름을 따서 한동안 '타베르니에 블루'라고 불렀다. 1669년에 루이 14세의 소유물이 된 이 다이아몬드는 약 110.50캐럿이었지만, 루이 14세가 1673년에 커트했다. 그리하여 '타베르니에 블루'는 광채는 좋아졌지만 작아져서 약 69캐럿이 되었다. 루이 15세에 이어서 루이 16세와 왕비 마리 앙투아네트가 푸른 다이아몬드의 소유자가 되었다. 프랑스혁명 후 프랑스 왕실은 자치 정부의 관리 하에 놓이는데, 푸른 다이아몬드는 1792년 도둑맞아서 이후 20년 동안 세상의 관심에서 멀어져 갔다. 1800년대가 되어 네덜란드 암스테르담에 푸른 다이아몬드와 똑같은 보석이 모습을 드러냈다. 윌리엄 펄스라는 보석상이 푸른 다이아몬드를 새롭게 커트했는데, 보석을 아들 헨드릭이 훔쳐 갔다. 헨드릭에게서 푸른 다이아몬드를 산 프랑소와 보뤼라는 프랑스인은 보석상 엘리어슨을 통해 런던의 은행가 헨리 필립 호프에게 푸른 다이아몬드를 매각했다. 이때부터 이 푸른 다이아몬드는 '호프 다이아몬드'라고 불리게 되었다. 필립이 죽고 조카 헨리 토머스 호프가 '호프'를 사들였다. 토머스가 죽은 후, 그의 미망인은 손자 프랜시스에게 '호프'를 남겼다. 하지만 프랜시스는 파산하고 호프는 매각되어 이름의 유래가 된 호프 가와 이별하게 되었다. 프랜시스에게서 호프를 산 프랑스인 중개인 자크 코로로부터 1908년에 호프를 손에 넣은 러시아 귀족 이안 카니토우스키를 거쳐 그리스인 보석상 시몬 몬탈리데스는 터키의 술탄인 압둘 하미트 3세에게 이 보석을 팔았다. 하미트 3세는 호프를 손에 넣고 곧 반란으로 인해 폐위당했다. 1909년, 하미트 3세의 보석 컬렉션이 파리에서 경매에 붙여져서 호프는 피에르 카르티에의 것이 되었다. 카르티에는 호프를 미국의 신문왕의 아들 에드워드 빌 매클린의 아내 에버린에게 팔았다. 호프를 개인적으로 소유한 마지막 인물은 뉴욕의 보석상 할리 윈스턴이었다. 1958년 할리는 전설의 푸른 다이아몬드를 스미소니언 박물관에 기증했다. 특별 금고실 안에 놓여 있는 호프는 두께 2cm 이상의 유리 상자 안에 보호되어 있다.

다이아몬드가 흑연(黑鉛)과 같이 거의 100% 탄소로 이루어져 있다고 알려진 것은 200여 년 전이다. 당시 사람들은 단단하고 영롱한 다이아몬드가 시커먼 숯덩이와 같은 원소로 되어 있다는 것을 발견하고 상당히 놀랐을 것이다. 우리는 이렇게 같은 물질이지만 모양이나 구조가 다른 것을 동소체(同素體, allotrope)라고 부른다. 탄소는 원자의 배열 방법에 따라 다이아몬드가 되기도 하고 흑연이 되기도 한다. 2차원으로 된 육각형 탄소 그물을 그래핀 박판(graphene sheet)이라고 부른다. 그래핀의 각 탄소 원자는 하나의 전자를 이웃한 탄소 원자와의 공유결합에 참여시킨다. 그래핀 박판이 쌓여 있는 3차원 구조를 갖는 탄소 덩어리를 우리는 흑연(黑鉛, graphite)이라고 부른다. 그래핀의 각 탄소 원자마다 네 개의 외각 전자 중 한 개의 전자가 자유롭게 되어 전 그물에 걸쳐서 순회한다. 한 개의 층에서 자유롭게 된 전자는 위층의 자유롭게 된 전자와 반 데르 발스 힘(van der Waals force)으로 결합되어 있다. 흑연은 금속에 가까운 광택과 전기전도도를 보인다. 하나의 그래핀 층 안의 탄소 원자들은 공유결합으로 연결되어 있어 상당히 강하나 층 간에는 약한 반 데르 발스 힘으로 결합되어 있다. 그러므로 흑연에 힘을 가하면, 각 층들은 엇갈려서 잘 미끄러지고 또 잘 벗겨져 나가기 때문에 연필이나 윤활제로 흑연이 유용하게 쓰이고 있다.

 탄소는 동소체에 따라 매우 다른 물리적인 특성들을 보여준다. 흑연은 투명하지 않은 검은색이며, 경도가 1로 매운 무른 물질이다. 또한 전기가 잘 통하는 도체이다. 흑연은 그래핀 판이 착착 쌓인 구조로서 판 내의 탄소 원자끼리는 강한 힘으로 결합으로 되어 있으나, 판과 판 사이에는 약한 결합력을 유지하고 있다. 연필심을 문지르면 글씨가 쓰이는 까닭은 그래핀 판 사이의 결합이 끊어져 흑연 가루가 종이에 묻어나기 때문이다. 한편 다이아몬드는 무색에 투명하며, 원자구조가 3차원적으로 결합력이 강한 입방체로 되어 있어서 경도가 지구상에서 가장 높은 10인 물질이다. 또한 순수한 다이아몬드는 전기가 통하지 않는 부도체이지만, 열은 다이아몬드가 흑연보다 잘 전달한다.

뭐니 뭐니 해도 다이아몬드는 제일가는 보석이다. 이 보석을 멋있게 만들기 위해 많은 사람이 노력하고 있다. 이로 인하여 다이아몬드 보석 산업이 형성되어 있다. 결혼하는 젊은 커플은 2부짜리 다이아몬드 반지라도 교환해야 한다는 생각에 종로 3가에 얼씬거려 본다. 각국은 보석 가공산업이 부가가치가 높고 일자리 창출에 좋다고 판단하여 보세가공 지역을 설정하고 각종 세제 특혜를 주어 육성하고 있다. 우리나라뿐만 아니라 중국, 인도 등 후발국들이 쓰고 있는 정책이다. 이런 시장을 움직이는 것은 결국 돈인데, 큰 자본은 국제적으로 '어떤 인종이 꽉 잡고 있고, 대부분 검은 돈'이라는 등의 루머가 퍼져 있다.

인조 보석의 꿈은 이루어진다
─인조 다이아몬드

    지금까지 서양에서 높게 쳐주는 4대 보석인 사파이어, 루비, 에메랄드, 다이아몬드에 대하여 알아보았다. 사파이어와 루비는 산화알루미늄 일명 알루미나가 주성분이고, 에메랄드는 베릴륨, 알루미늄, 규소의 복합산화물이고, 다이아몬드는 단순하게 탄소로 이루어져 있다. 각 보석의 멋진 색깔은 원재료가 내는 게 아니라 불순물로 들어 있는 원자들이 컬러 센터(color center)로 작용하기 때문이라고 설명하였다. 이들의 물리 또는 화학적인 성질을 이용하여 공업용 재료로 활용하기 위해 인공적인 합성 연구와 개발이 활발히 이루어져 왔다. 이 중에서도 다이아몬드의 인공적인 합성과 응용에 대한 노력이 괄목할 만하다.

다이아몬드는 보석으로서의 가치에 못지않게 탁월한 물리 및 화학적 특성을 보여서 과학자와 기술자들의 각별한 관심을 끌어왔다. 다이아몬드의 주요한 재료 물성은 대부분 최고 아니면 최대의 값들이다. 다이아몬드는 가장 단단하고 강성이 있고, 상온에서 최고의 열전도도를 보이고, 넓은 파장 영역에서 전자기파에 투명하며, 최상의 반도체 특성을 보이고, 대부분의 화학 용액에 부식되지 않으며, 생체 적합성이 아주 뛰어나다.

다이아몬드의 우수한 특성을 활용한 대표적인 예가 보석 가공 후 부스러기를 수거하여 제조한 절삭공구이다. 다이아몬드 광산에서 폐기되는 저 품위 원석인 bort를 수거하여 공업용으로 활용하기 시작하였다. 앞글에서 언급하였듯이 오늘날 다이아몬드 광산에서 채굴되는 대부분의 다이아몬드 원석은 공업용으로 이용되고 있다. 다이아몬드 부스러기를 함유한 절삭공구의 성능과 수명이 획기적으로 향상되었는데, 자연산 다이아몬드의 희소성과 가격으로 말미암아 수요량을 충족시킬 수 없었다. 자연스럽게 인공적으로 다이아몬드를 합성하려는 시도가 생겼다. 아마도 보석용 다이아몬드를 합성하여 떼돈을 벌어보겠다는 욕망이 더 앞섰을지도 모른다.

한편, 과학자들은 흑연이 다이아몬드보다 상온(常溫), 상압(常壓)에서 더 열역학적으로 안정한 탄소의 동소체라는 것을 알게 되었다. 비록 다이아몬드와 흑연의 표준 생성 에너지 차이는 아주 작지만, 아주 큰 활성화 에너지 장벽이 두 상 사이에 존재하여 상온, 상압에서는 양자 간에 상호 변환이 안 된다. 역설적으로 이러한 에너지 장벽의 존재로 말미암아 다이아몬드가 희소하게 되고, '다이아몬드는 영원히'라는 말처럼 다이아몬드가 자발적으로 흑연으로 변하지 않는다. 다이아몬드는 상온에서 안정하지만, 열역학적으로는 불안정한 준안정 상(metastable phase)이라고 볼 수 있다.

그래서 같은 탄소로 이루어져 있고 흔하고 가격이 저렴한 흑연으로부터 인공적으로 다이아몬드를 합성하려 시도하였다. 구리 같은 천한 금속으로부터 금, 은 같은 귀금속을 만들어 보겠다는 중세의 연금술사처럼 무리한 시도는 아니지만, 보석 다이아몬드를 실험실에서 만들어 보겠다는 욕망에서 19세기 이후에도 비슷한 시도가 있었다고 한다. 그러나 중세의 연금술사와는 달리 과학적인 지식으로 무장된 19세기의 화학자와 재료 공학자들은 다이아몬드의 합성이 극히 어렵다는 것을 열역학적으로 이해할 수 있었다.

20세기 들어 연구자들은 이러한 문제점을 극복하고 다이아몬드를 합성하기 위해서는 다이아몬드가 더 안정된 상(phase)으로 존재하는 조건이 필요하다는 것을 인식하게 되었다. 자연산 다이아몬드가 아주 깊은 지하에서 형성되었다는 조건으로부터 유추하여 탄소를 아주 높은 압력에서 높은 온도로 가열하면 다이아몬드가 형성될 수 있다고 생각하였다. 열역학적 실험으로부터 얻은 탄소의 압력-온도 상태도에 의하면, 다이아몬드 상과 흑연 상이 존재하는 영역이 확연히 구분된다.

고온과 고압을 얻을 수 있는 구조의 장치를 구성한 후, 흑연 가루에 적당한 철(Fe), 니켈(Ni) 같은 금속 촉매제를 약간 혼입한 후, 1,700℃ 이상의 온도로 가열하면서, 유압 프레스 하에서 수만 기압 이상으로 압축하면 다이아몬드 결정이 생성된다. 온도와 압력을 해제한 후에 흑연 가루 속에서 다이아몬드 분말을 찾아 크기별로 분류하여 공구 만드는 회사에 공급한다. 이것이 이른바 고압 고온(HPHT, High Pressure High Temperature) 합성법으로 러시아(구소련) 과학자들이 개발에 성공하고, 미국의 GE(General Electric)사에 의해 최초로 상용화된 후, 우리나라에서도 1980년대에 개발에 성공하였다. 중국 회사들도 개발에 성공하여, 현재는 저가 공세로 세계시장 점유율이 높다고 한다. HPHT 다이아몬드는 수 나노미터에서 수 밀리미터 크기의 단결정 분말로서 공업용 수요를 일부 충족시켰지만, 너무 잘고 색도 노란색 계통이어서 보석으로서의 가치는 없다.

HPHT 공법으로 제조된 다이아몬드 분말은 소결(sintering) 공정을 거쳐서 초경합금 등에 코팅되어 고경도와 내마모성을 활용하는 절삭공구와 연마제에 사용되고 있다. 우리나라에서 다이아몬드라는 말이 회사명에 들어가 있는 중소, 중견 기업들은 대부분 이런 절삭공구와 연마 제품을 생산하고 있는 회사들이다. 이렇게 소결 제조된 다이아몬드 재료를 일명 PCD(Polycrystalline Diamond)라고 부르기도 한다. HPHT 공법 다이아몬드 결정은 분말로 되어 있어서 응용 범위에 제약이 있다. 또한 HPHT 공법 다이아몬드는 크기가 작아 보석으로서의 가치가 없으므로 인조 다이아몬드 보석의 꿈은 이루지 못했다. 다이아몬드의 여러 장점을 공업적으로 구현하기 위한 대안으로써 다이아몬드 박막이 연구되기 시작하였다.

HPHT 공법처럼 자연의 방법을 모방하지 않고 탄소 원자를 다이아몬드 밑바탕 모형 위에 한 번에 한 층씩 차례로 쌓아 올라가면 다이아몬드 결정을 인공적으로 만들 수 있지 않을까 생각하게 되었다. 이것이 HPHT보다 훨씬 낮은 온도와 압력 아래에서 기체상(gas phase)으로부터 가능하다면, 장비와 에너지 비용에서 월등한 장점이 될 것이다. 1950년대 말에 이러한 아이디어가 구체화 되어 탄소를 함유하는 기체를 감압 하에서 열분해한 후에 900℃로 예열된 자연산 다이아몬드 결정 표면 위에 도입하여 다이아몬드 박막을 성장하는 데 성공하였다. 이 공법이 화학증착(Chemical Vapor Deposition; CVD) 방법이다.

　초기의 CVD 다이아몬드 합성실험에서는 흑연이 섞여 있는 다이아몬드 박막이 얻어졌고 성장 속도도 아주 느렸다. 이런 난제의 돌파구가 1960년대 말에 마련되었는데, 미국의 연구팀이 수소 분위기에서 다이아몬드를 증착시키면 수소 원자가 흑연을 선택적으로 에칭(etching, 식각)시킴으로써 순수한 다이아몬드 결정만 성장한다는 사실을 발견하였다. 그 뒤에 러시아의 기술자들이 다이아몬드 이외의 기판 위에서 다이아몬드 박막을 증착시킬 수 있음을 보였다. 이러한 발견들을 집대성하여 1980년대 초에 일본의 연구자들은 'hot filament reactor'를 건조하고 다이아몬드가 아닌 기판 재료 위에 양질의 다이아몬드 박막을 꽤 높은 성장 속도(대략 $1\mu m/h$)로 성장시켰다. 연이어 일본의 같은 연구팀은 마이크로웨이브 플라스마(microwave plasma)를 이용하는 색다른 다이아몬드 박막 증착 방법을 발표하였다.

　화학증착(CVD) 방법은 그 이름이 의미하듯이 고체 표면 위에서 기체 물질 사이에 화학반응이 일어나 반응 생성물이 고체 기판 위에 증착되는 것이다. 이는 마치 대기 중에서 눈이 형성된 후 지표면에 떨어져서 온 땅을 덮는 것과 같은 원리이다. 다이아몬드 박막을 위한 CVD 방법은 기체 상태인 탄소 함유 전구체

(precursor) 분자의 활성화가 필요하다. 통상적으로 CVD 다이아몬드 박막은 보통 99%의 수소(H_2)에 1%의 메탄(CH_4)으로 되어 있는 탄화수소-수소(hydrocarbon-hydrogen) 기체 혼합물 속에서 만들어진다. 다이아몬드의 성분인 탄소는 메탄가스에서 오는데, 1% 정도의 희박한 조성이므로 박막 성장 속도가 느릴 수밖에 없다. 수년 동안 수소가스가 다이아몬드 CVD 공정에 중심적인 역할을 하는 것으로 알려져 왔다. 특히 수소 원자가 증기로부터 박막이 성장하는 데에 절대적으로 필요한 성분이라고 생각되어 왔다. 탄소 성분의 활성화 방법으로는 열적인 방법(hot filament), 전기방전(DC, RF, 또는 microwave)을 이용하는 방법, 또는 연소 화염(oxyacetylene torch)을 쓰는 방법 등이 있다.

Hot filament CVD(HFCVD)는 전기적으로 2,200℃ 이상의 고온으로 가열되는 텅스텐 또는 탄탈 필라멘트를 시편 위 수 mm 위치에 놓고 화학증착을 하는 방법이다. 이는 상대적으로 저렴하고, 조작이 쉽고, 생성되는 다결정 다이아몬드 박막의 특성도 우수하지만, 필라멘트에 의한 오염이 큰 결점이다. 인조 다이아몬드를 절삭공구처럼 기계적인 용도로 사용하는 경우 그렇게 심각한 문제가 아닐 수 있으나 전자적 응용에는 쓸 수가 없다.

Microwave Plasma CVD(MPCVD)에서는 2.45 GHz 마이크로파가 유전체(보통 석영) 창을 거쳐 반응실에 유도되어 방전을 일으켜, 기체 가스의 가열과 분해로 활성 종들이 형성되고, 플라스마 볼에 담겨있는 시편 위에 다이아몬드가 증착된다. MPCVD는 HFCVD보다 비용이 증가하고, 대면적 시편에의 증착이 어려운 문제점이 있지만, 불순물 오염이 적고 단결정 성장이 가능하고 다이아몬드 막질이 우수한 관점에서 많이 활용되고 있다. 일본, 미국, 독일, 한국에서 활발히 연구되고 있다.

단결정(single crystal)으로 지름이 어느 정도 크고, 두께가 어느 정도 되는 다이아몬드 박막을 성장시킬 수 있어야 인조 보석으로 커트가 가능한데, 한동안 이 기준을 충족시키지 못하여 CVD 다이아몬드가 주목을 받지 못하였다. 그러나 최근에 중국계 기술자들이 MPCVD 방법으로 충분한 두께와 지름을 갖는 인조 다이아몬드 박막의 성장에 성공했다고 알려지면서 큰 관심을 끌고 있다. 다이아몬드 보석 업계에 미치는 파장을 우려하기 때문인지 자세한 내용은 잘 알려지지 않고 있다. 드디어 인조 다이아몬드 보석 시대가 열리고 있는 형국인데, 관련 업계가 장단점을 세심히 따져보고 있으리라 생각된다.

Dream Spectrum

5장

빛의 과학

레이저
—빛의 증폭

　레이저(LASER)라는 말은 '복사의 유도방출에 의한 빛의 증폭(Light Amplification by Stimulated Emission of Radiation)'이란 말의 영어 약자이다. 레이저는 단일 파장(혹은 주파수)의 빛이 모여 보강간섭으로 증폭된 가시광선의 다발이다. 최근에 레이저는 가시광선 영역뿐만 아니라 자외선과 적외선 영역에서도 개발되어 통신이나 의료용으로 사용되고 있다. 입자론적으로 말하면 동일 에너지를 갖는 광자들이 뭉쳐 있는 덩어리이다. 여기서 중요한 것은 '복사의 유도방출'이란 개념이다. 앞에서 우리는 원자들에 속해 있는 전자들이 외부로부터 에너지를 받으면 바닥 상태에서 들뜬 상태로 전이되어 아주 잠시 머물렀다가 다시 원래 상태로 되돌아온다고 하였다. 상태의 전이 전후에 두 상태의 에너지 차이만큼의 에너지가 빛(복사)으로 바뀌어 외부로 방출된다. 보통은 전자가 들뜬 상태에 머무는 시간이 1억 분의 1초 정도인데 1천 분의 1초 혹은 그 이상의 수명을 갖는 들뜬 상태가 하나 이상 더 존재하면 레이저 현상이 발현한다. 이렇게 상대적으로 긴 수명을 갖는 상태를 준안정상태(metastable state)라고 한다.

원자에서 두 에너지 준위 사이에 빛이 관여하는 경우는 세 종류가 가능하다. 하나는 원자가 처음 에너지가 낮은 바닥 상태에 있다가, 에너지가 hv인 광자를 흡수해서 들뜬 상태로 올라가는 경우로 이 과정을 유도흡수(induced absorption)라고 한다. 원자는 높은 에너지 상태에 있다가 에너지가 hv인 광자를 방출하고 낮은 에너지 상태로 떨어지게 되는데 이를 자발방출(spontaneous emission)이라 한다. 세 번째 가능한 방법은 유도방출(stimulated emission)로서 1917년 아인슈타인(A. Einstein, 1979~1955)이 처음으로 제안하였다. 이는 에너지가 hv인 광자에 의해 상태의 전이가 유도(자극)되는 방출이다. 입사하는 광자의 자극을 받아서 동일 에너지의 광자가 '건드리면 톡 하고 터질 것 같은 봉선화 씨'처럼 한꺼번에 여러 원자로부터 쏟아져 나온다. 유도방출에서 방출되는 빛은 입사하는 빛과 그 위상이 완전히 일치하는데, 이렇게 터져 나온 광파들은 서로 결이 맞고, 그 결과 빛의 보강간섭, 즉 증폭이 일어나게 된다.

> 할아버지 손자
>
> 함께 노는 놀이터
>
> 할아버지, 손자 발에 맞추어
>
> 하나, 둘, 셋.
>
> 손자, 할아버지와 같이
>
> 하나, 둘, 셋.
>
> ―권영주, <발맞추어 둥 둥 둥>(2012)

위 동시는 할아버지와 손자가 발을 맞추어, '하나, 둘, 셋' 하며 걸어가는 모습을 묘사하고 있다. 할아버지와 손자가 걷는 모습이 닮고 보폭도 비슷한가 보다. 할아버지와 손자가 걸어가는 속도도 같은가 보다. 군대에서 열병식 때, 수많은 병사가 대오를 이루어 단상 앞을 지나갈 때 발이 척척 맞는다. 착~착~착~, 발소리를 일부러 크게 내서 걷는 법을 병사들에게 훈련하는 데도 있다고 들었다. 그래야 병사들 간에 호흡이 맞고 단결된 힘을 보여준다고 평가한다. 모두 발이 맞는다는 말을 영어로 표현하면, all in step이다. 이처럼 레이저를 이루는 광선의 파동들이 모두 발이 맞아야 레이저가 성립된다. 레이저 빛은 각 파동의 파장(주파수)이 같은 단색광(monochromatic light)이다. 레이저는 하나의 파장을 갖는 빛의 다발로 되어 있다. 레이저 빛의 파동들은 모두 서로 위상이 맞는다(all in phase). 파동들이 모두 발이 맞는다는 말이다. 전문적인 말로 레이저는 결이 맞다(coherent)고 표현한다.

 이런 레이저는 몇 가지 놀랄만한 특징을 지닌 광선 빔을 발생시킨다. 레이저 빛은 거의 퍼지지 않는다. 지구에서 쏜 레이저 빛이 달에 있는 거울에서 반사되어 되돌아와도 별로 퍼지지 않는다고 확인되었다. 보통의 빛다발들은 공간을 헤엄쳐 갈 때 옆으로 번져서 한참을 가면 빛이 흐지부지되기 일쑤다. 이를 빛의 분산 현상이라고 말한다. 또한 레이저 빛은 어떤 다른 광원에서 발생한 빛보다 그 세기가 월등히 세다. 레이저는 에너지가 축적되어 출력이 높으면 고온을 얻을 수 있어 금속의 용융이나 용접 등에 쓰인다. 레이저 출력(power)이 낮으면 세미나 발표 때 쓰이는 포인터나 디스플레이 등에 레이저 불빛으로 응용할 수 있다. 레이저의 출력이 0.1 mW 이상이면 눈에 해롭다고 본다.

 가장 간단한 레이저로 3준위 레이저(three-level laser)를 들 수 있다. 이는 바닥 상태로부터 빛의 에너지만큼 높은 에너지를 갖는 준안정상태와 그보다 더 높은 들뜬 상태가 존재하는 원자들의 덩어리를 이용한다. 원자들의 집합체인 결정(고체)에 가시광선을 쪼이면 원자들은 들뜬 상태가 된다. 들뜬 상태에 있는 원자들은 1억 분의 1초 후에 더 낮은 에너지 상태로 내려오는데, 준안정상태에서는 더 긴 시간 예를 들어 천 분의 1초 동안 머물러 있다가 바닥 상태로 되돌아온다. 많은 원자에서 이러한 상태의 전이가 일어나게 되면 바닥 상태에 있는 원자들보다 준안정상태에 있는 원자들의 숫자가 더 많아지는데, 이런 현상을 밀도반전(population inversion)이라고 한다. 이러한 밀도반전이 조성된 상황에서 원자 덩어리에 주파수가 ν인 빛을 쬐면 바닥 상태 원자로부터의 유도흡수보다 준안정상태 원자로부터 유도(자극)방출이 더 많이 일어난다. 결과적으로 처음의 빛이 증폭되어 레이저가 발생하게 된다. 빛을 쪼여 밀도반전을 이루는 것을 광 펌핑(optical pumping)이라고 한다. 진공 상태를 만들어 지하에서 물을 퍼 올리는 펌프처럼, 빛으로 바닥 상태의 원자를 들뜬상태를 거쳐 원하는 준안정상태로 끌어올린다는 의미이다. 광 펌핑을 위한 에너지는 보통 외부 전원으로부터 공급된다.

 레이저로써 최초로 실용화에 성공한 루비 레이저(ruby laser)는 위 그림에서 보이듯이 +3가(價) 크롬(Cr) 이온의 세 가지 다른 에너지 준위를 이용한다. 루비의 주성분은 알루미늄 산화물인 알루미나(Al_2O_3)로 광물 사파이어와 같다. 이미 보석의 색깔에 관

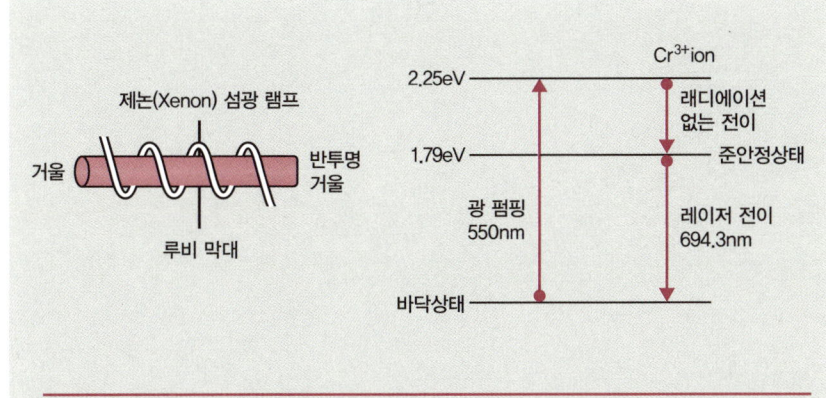

그림 4 루비 레이저와 해당 에너지 준위

해서 앞 글 '사파이어'에서 설명한 바 있듯이, 같은 물질로 된 광물인데 루비는 붉은색이고 사파이어는 청색이다. 한편 알루미나 결정은 에너지 밴드 갭(energy band gap)이 가시광선과 자외선 경계의 에너지값인 3.1 eV보다 크므로 빛이 비춰어도 '소 닭 보듯' 한다. 그래서 순수한 알루미나는 투명하게 보인다. 루비는 알루미나(Al_2O_3) 결정에서 +3가 Al 이온 일부가 +3가 Cr 이온 불순물로 교체된 것이다. 이 이온 때문에 붉은색을 띠는데, 이런 불순물을 컬러 센터(color center)라고 부른다.

위 그림에서 보면 +3가 Cr 이온은 바닥 상태를 기준으로 에너지가 2.25 eV 높은 들뜬 상태를 갖고 있고, 또한 에너지가 1.79

eV 높은 또 다른 들뜬 상태를 갖고 있는데 나중의 상태는 준안정상태이다. 준안정상태에 머무는 시간은 약 0.003초이다. 알루미나(Al_2O_3)에 적절하게 Cr_2O_3 성분을 넣고 용융시켜 단결정으로 성장시켜 만든 루비 막대(ruby rod)에 제논(Xenon) 섬광 램프를 쪼이면, +3가 Cr 이온들이 높은 에너지 준위(2.25eV)로 여기(勵起, excitation)되고 이들은 결정 내의 다른 이온들에 에너지를 잃으면서 준안정 준위(1.79eV)로 떨어진다. 몇몇 +3가 Cr 이온들로부터 자발방출에 의해 나온 광자들은 표면이 거울처럼 연마된 루비 막대의 양 끝에서 반사되며 왔다 갔다 하면서 다른 +3가 Cr 이온들을 자극하여 빛을 방출한다. 수 마이크로초가 지나면 단색광이고 결맞는 상태의 붉은색의 센 펄스가 어느 정도 투명하게 만든 막대의 한쪽 끝으로부터 나온다. 루비 봉은 그 길이가 나오는 빛의 반 파장의 정수배에 해당하도록 미리 정확하게 연마하여 준비해야 한다. 일시적으로 막대 안에 갇힌 광파는 정상파(standing wave)를 이룬다. 유도방출은 정상파에 의해 유도되므로 유도되는 광파는 모두 이 정상파와 보조를 맞추게 되고 빛의 증폭이 이루어진다.

우리가 상점의 계산대 앞에서 흔히 접하는 레이저로 헬륨-네온 기체 레이저(He-Ne gas laser)가 있다. 헬륨과 네온을 10：1 정도로 혼합하여 수백 분의 1기압 수준의 낮은 압력 상태의 유리관에 넣는다. 유리관의 양 끝에 평행한 거울이 달려 있는데 그중 한쪽 거울은 약간 투명하다. 두 거울 사이의 거리는 나오는 레이저 빛의 반 파장의 정수배가 되도록 한다. 고주파 교류 전원에 연결된 유리관 밖에 있는 전극에 의해 혼합 기체에 전기방전이 일어난다. 방전으로 생긴 전자와의 충돌로 헬륨(He) 및 네온(Ne) 원자들은 바닥 상태로부터 에너지가 각각 20.61 eV와 20.66 eV 위에 있는 준안정상태로 여기(excitation)가 된다. 여기(勵起) 된 He 원자 중 일부는 바닥 상태의 Ne 원자와 충돌하여 자신의 에너지를 Ne 원자에 전달한다. 이때 Ne 원자가 준안정상태에 이르는 데 부족한 0.05 eV의 에너지는 He 원자의 운동에너지로부터 보충된다. 즉 He 원자는 Ne 원자의 밀도반전을 도와주는 역할을 한다. Ne 원자에서의 레이저 현상은 바닥 상태보다 에너지가 20.66 eV 높은 준안정상태로부터 에너지 준위 18.70 eV의 들뜬 상태로의 전이에서 발생하는데, 두 에너지의 차이에 해당하는 빛은 632.8nm의 파장을 갖는 붉은색이다. 루비 레이저에서는 섬광 램프에 의해 펄스처럼 높은 에너지 상태로의 여기가 일어나지만, He-Ne 레이저에서는 전자에 의한 충돌로 여기(勵起)가 쉼 없이 일어나므로 He-Ne 레이저는 연속적으로 작동한다. He-Ne 레이저에서 전체 원자들의 백만분의 1 정도의 극히 일부분의 원자들만 레이저 과정에 관여한다. He-Ne 레이저는 상점의 POS(point of sale) 기계에서 바코드를 읽는 데 사용되는데, 좁은 붉은색 빔을 바코드에 쏘면 반사되는 빛에 바코드 정보가 실려서 되돌아오고 그 신호로부터 정보를 해석해 컴퓨터로 보내면 그날 산 물건 전체에 대한 계산이 이루어지도록 설계되어 있다.

연구자들은 레이저 현상을 갖는 물질계(material system)를 열심히 찾고 있다. 레이저 현상은 고체, 액체, 기체 모두에서 발견되고 있다. 어떤 계에서는 원자 대신에 분자를 사용하기도 한다. 화학 레이저(chemical laser)는 준안정 들뜬상태에서 분자들의 화학반응으로 생긴 생성물에 그 기반을 두고 있다. 수소와 불소가 결합하여 불화수소를 만드는 어떤 화학 레이저는 2MW 이상의 적외선 빔을 만든다. 에너지 준위 간격이 매우 좁은 색소 분자를 사용하는 주파수 가변 색소 레이저(tunable dye laser)는 거의 연속적인 파장으로 '레이저 발진'을 할 수 있다. 유리질 고체인 yttrium aluminium garnet(YAG) 결정에 네오디뮴(neodymium)이 불순물로 들어있는 Nd: YAG 레이저는 실험실이나 산업 현장에서 물체의 절단 등에 활용된다. 또한 Nd: YAG 레이저는 생체조직을 자를 때 레이저 빔이 지나가는 통로에 있는 수분을 증발시킴으로써 작은 혈관들을 막아주기 때문에 외과 수술에 도움이 된다. 출력이 몇 kW 이상인 CO_2 레이저는 산업체에서 재료를 정확하게 절단 또는 용접하는 데 사용된다. 반도체 레이저는 대용량의 정보를 빠른 속도로 처리하고 전달하는 데 좋다고 판단되는데 최근에 반도체 메모리 용량의 획기적인 증가로 대부분의 기기에서 CD(compact disc) 사용이 죽어버린 실정이다. 반도체 레이저는 광섬유통신의 전송선로에 이상적으로 판단되어 활발한 연구가 이루어졌으나 무선통신 기술의 발달로 반도체 레이저의 활용 분야가 급격히 줄어들었다.

창문과 대문
—광물의 색깔

　우리가 살거나 근무하는 건물에서 창문(window)으로 쓰는 유리와 같은 투명한 고체들은 전기가 잘 통하지 않는 부도체(insulator)이다. 우리말로 절연체라고 하기도 한다. 대조적으로 도체인 금속은 가시광선에 불투명해서 집 지을 때 창문보다는 대문(door)으로 쓴다. 물론 비용 문제로 대부분의 방문(房門)은 나무로 만들지만, 대문(大門)은 프라이버시를 지키고 외부인들이 쉽게 들어오지 못하도록 철판으로 만든다.

　가시광선이 도체에 입사되면 들어가는 깊이가 커질수록 광선의 감쇠(減衰)가 일어나는데 그 정도를 나타내는 값이 표피 깊이(skin depth)이다. 수학적인 과정을 거치면 표피 깊이를 전자기적인 물리량으로 나타낼 수 있지만, 여기서는 그 논의를 생략하겠다. 구리나 알루미늄 같은 금속의 표피 깊이는 주파수가 60Hz인 일반 전기에 대해서는 수 센티미터(cm)이고, 가시광선에 대해서는 겨우 수 나노미터(nm)이다. 적절한 비유인지 모르겠으나, 창과 방패에 비유할 수 있다. 가시광선은 창이고 비교하는 재료는 방패라고 보면 된다. 철판으로 대문을 만들면 외부의 빛은 대문을 통해서 겨우 수 나노미터밖에 들어오지 못한다. 그래서 우리는 집안에서 누가 집 문 앞에 와 있는지 모른다. 초인종을 설치하거나 영상 카메라를 설치하여야 밖에 누가 왔는지 알 수 있다. 원시적으로는 철문을 두드리거나 큰 소리로 누구냐고 물으면 된다. 이로부터 철판으로 대문을 만들고 유리를 가지고 창문을 만드는 게 옳은 이유를 알 수 있다. 10여 년 전에, 필자가 공부했던 MIT에 25년 만에 다시 갔더니 많은 노교수님 연구실의 방문이나 사무실 벽에 유리창이 설치되어 있었다. 요즘은 우리나라에도 안전과 투명성 제고를 위해 학교의 실험실이나 사무실의 철제 출입문 일부분을 뚫어 유리로 갈아 끼우고 있다.

금속에 빛이 쪼이면 금속으로 흡수되는 에너지는 매우 적고 대부분의 입사되는 빛은 반사된다. 표면이 잘 연마되어 있으면 금속에 입사된 빛은 유리거울처럼 반사되나 실제로는 그 금속의 표면에 있는 산화물층이나 페인트에 의해 흡수되고 대부분 금속의 색깔은 불투명(opaque)하게 보인다. 우리 인체는 금속보다 수백만 분의 1 정도로 낮은 전기전도도를 갖는데, 이는 바닷물의 전기전도도에 가깝다. 가시광선에 대한 인체의 물리적인 표피 깊이는 수십 마이크로미터(μm)이다. 우리 피부가 외부 빛으로부터 충분히 우리 내부의 장기를 지켜줄 수 있는 수치이다. 우리 눈에 각 사람의 내장이 보이면 얼마나 서로 불편할 것인가? 만약 그렇다면 우리가 병들었을 때, 병의 원인을 진단하기는 훨씬 쉬워지겠지만. 일부 어류 중에는 내장이 보이는 물고기도 사진으로 본 적이 있다.

고체 상태인 결정(crystal)은 원자들이 어떤 규칙을 가지고 삼차원적으로 촘촘하게 배열돼 있다. 결정 내에서 원자들이 취할 수 있는 에너지 준위는 가장 낮은 값부터 차근차근 채워지는데 어느 지점에 이르면 에너지 준위가 허용되지 않고 한참을 건너뛰게 된다. 이 불연속적인 에너지의 간극(間隙)을 에너지 밴드 갭(energy band gap)이라고 부른다. 원자들이 취할 수 없는 에너지 준위의 띠를 금지 대역(forbidden band)이라고 부른다. 물리학자들은 금지 대역 아래에 있으면서 채워진 에너지 준위의 띠를 가전자대(valence band)라고 부르고 에너지 밴드 갭 너머의 채워지지 않은 에너지 준위의 띠를 전도대(conduction bad)라고 부른다. 한편 화학자들은 채워진 에너지 대역(energy band)의 제일 꼭

대기 상태를 HOMO(highest occupied molecular state)라고 부르고, 비어 있는 에너지 대역(band)의 밑바닥 상태를 LUMO(lowest unoccupied molecular state)라고 부른다. LUMO와 HOMO, 두 상태의 에너지 차이가 에너지 밴드 갭(energy band gap, Eg)이 된다.

광물이나 유리같이 전기가 잘 통하지 않는 부도체(절연체) 결정의 광학적 특성을 에너지 밴드 갭의 개념으로 설명할 수 있다. 결정(재료)에 빛을 쬐면 결정을 이루는 원자들에 속해 있는 전자가 그 빛의 에너지를 받아 더 높은 에너지 준위로 들뜨게 된다. 이 들뜨는 현상을 전문용어로 여기(勵起, excitation)라고 부른다. 광자의 에너지가 에너지 밴드 갭의 값보다 크면(hv〉Eg), 금지 대역을 건너뛰어 일어나는 전자의 광학적 여기가 가능하다. 그러나 광자의 에너지가 에너지 밴드 갭보다 작으면(hv〈Eg), 이 광학적 들뜸(여기)은 불가능하다. 빛의 주파수(에너지)가 증가함에 따라 재료에 빛이 흡수되는 빛의 양이 급속하게 증가하는 지점이 나타나는데, 이것을 흡수단(absorption edge)이라고 부른다. 흡수단은 $v = Eg/h$인 주파수라고 보면 된다. 빛의 주파수(에너지)가 증가함에 따라 쪼인 빛이 재료에 흡수되는 양이 흡수단을 기점으로 급격하게 늘어난다. 그 결과 재료는 투명에서 불투명으로 칼날같이 갑작스럽게 전환이 일어난다. 한동안 유행하던 말로

'에지(edge) 있게'라는 말이 있었다. 이 말은 맺고 끊는 게 분명한 칼날 같은 일 처리를 의미하는 것 같다.

가시광선의 에너지값의 범위는 1.8~3.1 eV이다. 유리로 된 창문 너머로 우리가 물체를 볼 수 있는 이유는 유리의 주성분인 SiO_2 물질의 에너지 밴드 갭이 3.1 eV보다 훨씬 커서(hv〈Eg), 창문 밖에 있는 물체가 반사하는 빛이 유리창에 흡수되지 않고 실내에 있는 우리 눈에 바로 들어오기 때문이다. 순수한 절연체의 에너지 밴드 갭이 약 3.1 eV보다 크다면 가시광선 영역의 어떤 광자도 그 절연체에 흡수되지 않아 그 재료는 우리 눈에 투명하게 보인다. 반면 에너지 밴드 갭이 1.8 eV보다 작으면(hv〉Eg), 적색부터 청색까지의 모든 가시광선의 광자가 흡수되기에 그 재료는 불투명하게 보인다. 참고로 도체인 금속의 에너지 밴드 갭은 없다(zero). 규소(Si)는 에너지 밴드 갭의 값이 1.1 eV이므로 가시광선에 불투명하며 잘 연마된 표면에서는 금속처럼 빛을 반사한다. 그러므로 규소는 금속처럼 보이지만 이것의 전기적 특성은 금속과 매우 다르다. 그런 점에서 규소를 반도체라고 부르는 이유를 설명할 수 있다.

그러면 에너지 밴드 갭이 1.8 eV와 3.1 eV 사이에 있는 부도체(절연체)는 어떤가? 이것들은 가시광선 스펙트럼 끝단의 높은 주파수 대역의 일부분을 흡수하게 되고 그 결과 색을 나타내게 된다. 여러 무기 염료(dye)들과 물감, 안료(paint pigments) 등은 에너지 간격이 이러한 범위에 있는 절연체들이다. 예를 들어 에너지 밴드 갭이 2.5 eV보다 큰 재료(예: CdS, 황화카드뮴)는 노란색을 띠게 된다. 이 재료에서 투과되거나 반사된 빛은 1.8 eV에서 2.5 eV까지의 모든 가시광선 광자의 에너지를 포함하고 있으며 2.5 eV와 3.1 eV 사이의 가시광선은 그 재료에 흡수된다. 우리 눈은 이들 투과된 광선의 혼합을 노란색이라고 인식한다. 재료의 에너지 밴드 갭이 더 작아지면 색은 노란색에서 오렌지색으로, 오렌지색에서 빨간색으로 바뀔 것이고 궁극적으로 모든 가시광선이 흡수되면 검은색으로 보이거나 불투명하게 될 것이다. 이러한 에너지 범위에서는 재료의 에너지 밴드 갭이 작아질수록 빛 스펙트럼의 파란색 부분을 더 많이 흡수하게 되고, 그 결과 색의 순차적인 변화는 저녁노을이 질 때와 비슷하다. 태양광선으로부터 오는 빛 스펙트럼의 파란색 부분이 더 많이 산란될수록 서쪽 하늘은 노란색에서 오렌지색으로 다시 빨간색으로 변해 간다.

쪼이는 빛의 에너지가 재료의 에너지 밴드 갭과 같으면($h\nu$ = E_g), 재료에서 보이는 빛의 흡수단은 색을 없애는 방법으로 빨간색과 오렌지색, 노란색 절연체를 만들 수 있으나 보라색과 파란색 또는 초록색은 만들 수 없다. 색을 제거하는 방법으로 파란색 계통의 색을 만들기 위해서는 가시광선 스펙트럼의 빨간색 쪽에 있는 에너지가 낮은 광자는 흡수하되 높은 에너지를 갖는 파란색의 광자는 흡수하지 않는 물질이 있어야 한다. 그러나 빨간색의 광자를 흡수할 만큼 충분히 작은 에너지 밴드 갭을 갖는 물질은 파란색의 광자도 당연히 흡수한다. 따라서 파란색을 띠는 순수한 절연체는 있을 수 없다.

이런 절연체에 존재하는 불순물이나 결정 결함은 에너지 금지 대역(forbidden band) 내에 전자의 에너지 준위를 형성한다. 이러한 불순물의 에너지 준위로 인하여 들뜬 상태에서 빛 에너지의 전이가 일어나, 외부의 빛이 흡수되는 경향은 빛이 어느 주파수(에너지)에서 급격히 투명에서 불투명으로 바뀌는 흡수단(absorption edge)과는 다르게 일부의 에너지만 선택적으로 흡수하는 흡수 피크(absorption peak)를 만든다. 절연체 내의 이런 원자 불순물을 컬러 센터(color center)라고 부른다. 따라서 절연체 내의 불순물 원자는 가시광선 스펙트럼 내의 일부 빛만 선별적으로 흡수하여 그 모체인 절연체가 넓은 범위의 색을 내게 한다. 이것이 이른바 보석에서 나오는 영롱한 색깔의 비결이다.

우리가 흔히 보는 투명한 광물로 수정(水晶)이 있다. 수정은 투명한 결정 덩어리가 다닥다닥 본체에 붙어 있는 모양의 광석이다. 수정은 영어로 quartz라고 부르는데, 그 화학 성분은 이산

화규소(SiO_2)로 유리창이나 물 잔을 만드는 유리와 같다. 같은 화학성분인데, 결정을 이루면 수정이라고 하고 비정질(非晶質, amorphous)이면 그냥 유리라고 부른다. 자수정(紫水晶)의 자주색은 무색투명한 수정 결정에 철(Fe) 불순물이 첨가된 결과이다. 일부 규소 원자 자리에 대신 들어간 철 원자가 보랏빛을 내는 컬러 센터가 되고 있다.

LED(light emitting diode)
―LED와 LCD는 별개

요즘 LED라는 말을 주위에서 자주 듣는다. LED는 light emitting diode의 준말로 우리말로는 '발광(發光) 다이오드'라고 한다. 다이오드는 p형과 n형의 반도체를 접합(junction)시켜서 만든다. 반도체나 다이오드의 원리에 대해서는 전문적인 지식이 없으면 제대로 이해하기 어려우므로 여기서 자세한 설명은 생략한다. 여기서는 최소한의 과학적 지식으로 이해하기 쉽도록 설명해 보기로 한다.

원소 하나로 이루어져 있는 원소 반도체(elemental semiconductor)는 원소 주기율표에서 4족(요즘 표현으로는 14족)에 속한다. 4족에 속하는 원소들은 주기율표의 위로부터, 탄소(C),

규소(Si), 게르마늄(Ge), 주석(Sn), 납(Pb)이다. 이 원소들의 에너지 밴드 갭(energy band gap)은 탄소가 5.4 eV로 가장 높고 주기율표에서 밑으로 갈수록 줄어든다. 에너지 밴드 갭이 0이면 도체인데 일반적으로 금속이 대표적인 도체이다. 에너지 밴드 갭이 아주 큰 값이면 절연체 혹은 부도체, 그 중간의 값이면 반도체라고 부른다. 주석은 에너지 밴드 갭이 0에 가까워서 반도체의 성질을 보이기도 하지만 보통 금속에 속한다. 그 아래에 있는 납은 확실하게 금속이다. 규소의 에너지 밴드 갭은 약 1.11 eV로서 대표적인 반도체인데 그 값이 가시광선의 에너지(1.8~3.1 eV)와 비슷하여 규소 원자에 속한 전자와 빛 사이에 에너지를 서로 교환하기에 적당하다.

4족 원소인 규소 결정체에 3족 원소인 보론(B)을 불순물로 첨가하면 p형 반도체라고 한다. 반도체에서 불순물 원자를 원하는 만큼만 첨가하는 것을 도핑(doping)이라고 한다. 육상 등 운동선수들은 경기 전후에 도핑 검사를 받는다. 경기에서 괴력을 내기 위해 약물을 원하는 양만큼, 시간에 맞춰서 주사하는 행위를 도핑이라고 한다. 규소 결정에 5족 원소인 비소(As)를 도핑하면 n형 반도체가 된다. p형 반도체와 n형 반도체를 잇대어 놓으면 p-n 접합(junction)이 된다.

우리가 차를 몰고 고속도로를 가다 보면, 두 개의 큰 고속도로

가 합류하는 데를 분기점이라고 하는데 이를 영어로 junction이라 하고 약어로 jct라고 표시하고 있다. 분기점(junction)은 합류점이라고도 부를 수 있는데, 차량이 이 지점에서 분기하기도 하고 합류하기도 한다. 서울 고속도로 시발점을 떠난 두 자동차가 수원 근처 신갈에서 하나는 계속해서 부산으로 갈 수 있고, 다른 하나는 영동고속도로로 바꾸면 강릉으로 갈 수 있다. 그러기 위해서는 두 차는 신갈 분기점에서 갈라져야 한다. 즉 분기해야 한다. 그러나 부산과 강릉에서 각각 출발한 두 자동차가 서울로 들어올 때는 신갈에서 합류해야 한다. 반도체에서는 전자(electron)와 정공(hole)이라고 하는 전하 운반자가 움직이는 방법에 따라서 여러 가지 기능이 가능하다. p-n 접합(junction)에서는 전자와 정공이 합류하기도 하고 분기하기도 한다. 전하 운반자가 공급되는 곳을 전극(electrode)이라고 하는데, n형과 p형 두 개의 전극이 있다는 뜻으로 diode라고 부른다.

일언이폐지(一言以蔽之)하고, LED의 p-n 접합에 전기를 공급하면 전자와 정공(hole)이라는 전하 운반자들이 바닥 상태에서 들뜬 상태로 되었다가 곧바로 바닥으로 되돌아온다. 되돌아올 때 에너지 차이가 빛으로 변하여 밖으로 방출(放出)된다. 전하 운반자가 높은 에너지 상태로 될 때는 전기의 형태로 외부에서 에너지가 공급되지만, 낮은 에너지 상태로 바뀔 때는 빛의 형태로 외부에 에너지를 방출한다. p-n 접합에서 전자와 정공이 합류하는 현상을 재결합(recombination)이라고 부르는데, 이렇게 되면 전자-정공의 쌍이 소멸(消滅)되고, 이때 에너지 간격에 해당하는 에너지를 갖는 광자가 방출된다. 규소(Si)와 같은 '간접 전이형' 반도체는 전자-정공 쌍의 생성이나 재결합과정에 음자(phonon)에 의한 에너지 전달이 필요하므로 비효율적이어서 갈륨비소(GaAs)와 같은 '직접 전이형' 반도체들이 LED 재료로 선호된다. 갈륨 같은 3족의 원소들과 비소 같은 5족의 원소들이 1:1로 화합물을 만들면 반도체의 성질을 보이는데 이 같은 재료를 화합물 반도체라고 부른다. 대표적인 화합물 반도체 재료에 대해서 에너지 밴드 갭의 값을 살펴보면, GaAs 1.4 eV, GaP 2.3 eV, GaN 3.4 eV이다.

우리가 TV를 볼 때 채널을 바꾸든지 소리를 조절하고자 하면 손을 더듬어 리모컨을 찾는다. 리모컨은 remote controller의 준말로서 원격조절기라고나 할까. 리모컨의 단자를 누르면 적외선 영역의 빛에 해당하는 에너지 간격을 갖는 반도체로 만든 LED를 배터리의 전기로 작동시키게 된다. 리모컨에서 방출되는 적외선 광선은 코드화된(coded) 신호를 운반하고 TV에 붙어 있는 검출기에서 이를 감지한다. 감지한 신호를 풀어서(decoded)

원하는 지시대로 TV가 동작하게 설계되어 있다.

LED는 빛을 직접 방출하는 소자뿐만 아니라 디스플레이 기기에도 응용된다. GaAs, InP와 그와 관련되는 합금은 빨간색(R), 오렌지색, 노란색, 초록색(G)을 내는 LED 기술의 기초가 되어 왔다. 빨간색과 초록색보다 파란색(B)을 내는 LED를 만들기가 어렵다고 알려졌었는데, 일본의 연구팀에 의해 GaN(gallium nitride)와 이와 관련된 합금의 적절한 제조공법으로 효율적인 청색 LED가 개발되어 디스플레이의 색감을 더욱 높일 수 있게 되었다. 이렇게 됨으로써 명실상부한 총천연색(full color) 디스플레이가 가능하게 되었다. 이것이 완성됨으로써 기존의 전자총을 쓰던 컬러텔레비전이 없어지고 소형화와 경량화에 유리한 평판형 디스플레이(flat panel display)가 대세가 되었다.

휴대전화나 고해상도의 컬러텔레비전 수상기의 디스플레이에서 RGB 세 가지 색을 낼 수 있는 발광(發光) 요소를 화소(畫素)라고 부른다. 요즘 디스플레이에는 LED 소자들이 아주 작은 점의 형태로 되어 있는 수많은 화소로 구성되어 있다. 이렇게 아주 작은 점들을 양자점(quantum dot)이라고도 부르며 고화질 디스플레이의 마케팅에 이 말을 이용하기도 한다. 화소(pixel)의 크기가 작고 주어진 화면에 화소의 수가 많을수록 영상의 해상도가 높고 화질이 살아있는 듯하다. 이런 화소의 광학적 패턴을 미세화하는 데에는 효율이 높은 LED 소자의 개발이 중요한 역할을 한다.

여러 가지 LED 재료와 공법이 개발되었는데, 앞에 예를 든 LED는 모두 무기물 반도체를 기반으로 만들어졌는데, 유기고분자 재료를 사용해서도 여러 가지 색깔의 LED가 만들어질 수 있다. 유기고분자 재료를 잘 조절하면 도체 또는 반도체의 성질을 보일 수 있으며, 원하는 디스플레이 화면만큼 넓은 면적의 박막으로 된 LED 소자를 저가로 쉽게 제작할 수 있다. 이렇게 만든 LED 소자가 OLED(organic light emitting diode)이다. 화질 면에서도 OLED 소자를 채용한 디스플레이가 무기반도체 LED보다 우수하다고 알려졌으나, 내구성 등 수명에서 불리한 것으로 알려져서 실제 적용에 문제가 있었다. 그러나 제조공정 기술의 발전으로 이런 난관을 극복하고 최근에 일부 회사에서 OLED 디스플레이의 상용화에 성공하였다.

일반인에게 조금 헷갈리는 용어로 LCD가 있다. LCD는 liquid crystal display의 약자로 우리말로는 액정 디스플레이라고 한다. LCD는 평판 디스플레이를 실현하도록 한 제품의 한 종류이지만, LED와는 작동 원리가 전적으로 다르다. 액정(液晶)은 말로만 보면 액체일 것 같지만, 실제는 유기고분자 고체이다. 결정성을 정의하기 곤란한 비정질 구조로 되어 있으면서 전기장에 대해 구성 분자들이 유동성을 갖고 있어서 그렇게 불린다. 액정은 전기장에 의해 정렬할 수 있는 길쭉한 탄소 원자 기반의 유기고분자로 이루어져 있으며, 전압을 걸어주면 빛의 통과를 허용하여 미세한 영역에서 불투명한 지역과 투명한 지역을 만들어 줄 수 있게 된다. 컴퓨터 모니터에 LCD 디스플레이를 많이 쓰고 있다. 투명한 지역에 RGB 기능을 부여하면 컬러 디스플레이도 가능하다. 이런 기기에는 디스플레이의 뒤쪽에서 정면으로 빛을 쪼여주는 발광체(發光體)가 있어야 한다. 이를 백라이트(back light)라고 부른다. 백라이트는 여러 가지 형태의 광원을 사용할 수 있다. 몇 년 전에는 LCD 텔레비전에 백라이트 광원으로 LED를 쓰면서 상업적으로는 그것을 LED TV라고 명명하여 소비자를 오도하기도 하였다.

LED가 TV나 휴대전화에서 보듯이 중요한 영상기기 부품이 되었지만, 이제 LED는 중요한 조명 수단이 되었다. 여기서 조명(照明)은 연극무대나 연속극 촬영 현장에서 사용하는 '무대조명'만을 의미하는 것은 아니다. 조명은 영어로 lighting이라고 하는데 어둠을 밝히는 행위를 뜻한다. 카메라 앞에 비추는 빛을 보통 spot light라고 말한다. 이 빛은 보통 실내등보다 강력하여 눈이 부실 정도이다. 여기에 익숙하여야 유명인이나 연예인이 될 수 있을 것이다. 요즈음은 실내조명이 잘 되고 카메라의 성능이 좋아져서 보통 스포트라이트가 없어도 영상 촬영이 가능한 수준이고 오히려 반사막 등을 현장에서 사용하는 것 같다.

인류는 아주 오래전부터 밤에 빛이 있으면 낮처럼 물체를 볼 수 있다고 생각하고 조명 수단으로 불을 사용해 왔다. 촛불이나 횃불 등이 대표적이다. 실내조명으로는 촛불, 등잔불, 가스등, 백열전구, 형광등 등으로 발전되어 왔고, 야외에서는 횃불, 등댓불, 가로등 등으로 활용되었다. 한동안 형광등이 우리 생활의 조명기구를 대표하였다. 그러나 요즘은 이사하며 실내장식(interior design)을 새로 할 때나 새로 집을 지을 때, LED 등(燈)의 설치가 일반화되었다. 초기 비용은 LED 등이 형광등보다 더 드나 소모전력이 작아 관리비를 줄일 수 있다고, LED 설치 업자는 주장한다.

탄광의 광부들은 컴컴한 땅 밑에서 옛날에는 횃불이나, 석유등을 사용했지만, 전기가 발명되고는 백열전등을 썼고, 요즘에는 배터리가 보급되면서 모자에 서치라이트를 달고 가벼운 몸으로 갱도를 이동할 수 있게 되었다. 자동차에도 전조등이나 후방 표시등의 광원으로 백열전등을 썼으나 요즘은 LED의 성능이 향상되면서 LED 등으로 대체되고 있다. 자동차를 운행하게 되면 편리하기는 하지만, 유지비가 든다. 보험료나 자동차 연료비 이외에 각종 부품의 수리 비용이 장난이 아니다. 법적으로 2년마다 한 번씩 자동차 검사를 받아서 OK를 받아야 운행할 수 있고 본인의 안전에도 유익하다. 자동차검사소에서 불합격을 받으면 해당 부분을 수리하여 재검을 받아야 하는데, 전조등이나 브레이크 등 같은 경미(輕微)한 교체는 검사장 옆에 수리업자들이 포진하고 있어서 바로 고치고 재검을 받을 수 있다.

요즈음은 옛날에 비하면 자동차용 조명등의 성능에 대하여 크게 신경 쓸 일이 아니다. 요즘은 고속도로 터널 안에도 LED 등을 아주 과학적으로 설치하여 운전자가 편안하게 운전할 수 있도록 하고 있다. 얼마 전까지만 해도 터널 안의 조명이 부실하여, 터널 안에 진입하기 전에 '전조등을 켜라(Turn on your light)'는 표시판이 우리나라나 외국에 있었다. 요즈음은 운전자가 밤에 편안하게 운전할 수 있도록 고속도로나 도심에 가로등이 잘 설치 및 정비되어 있다. 가로등이 전혀 없는 시골길이 위험한데 자신의 전조등이 미치는 거리까지만 볼 수 있어서 커브가 많은 길을 갈 때는 조심해야 한다. 상향등(Hi-beam)을 켜면 가시거리는 길어지지만, 앞차의 후사경에 너무 밝게 비추어 운전에 방해가 되므로 하이빔 전조등을 켜지 말라는 경고판이 있는 곳도 있었다. 요즘은 공원 같은 데도 조명에 관한 규격이 잘 제정되어 있고 거기에 맞게 LED 등이 설치되어 있어서 밤에도 편안하고 안전하게 조깅이나 산책을 할 수 있다.

LED 발전의 혜택을 받는 대표적인 분야가 바로 의료계 같다. '백문(百聞)이 불여일견(不如一見)'이라고 무언가 직접 눈으로 보아야 안심되고 확신(Seeing is believing)하는 우리 인간의 속성을 잘 보여주는 분야가 내시경 같다. 내시경 사진이 있어야 의사들이 확신 있게 진단하고 환자에게 설명할 수 있고, 환자도 쉽게 수긍하게 된다. 위장이나 대장 내시경에 쓰이고 있는 광원에 작고 성능이 우수한 LED가 채용되고 채집한 영상신호를 보내오는 광섬유 기술이나 신호처리 반도체 기술 등이 발전됨으로써 내과계 진단에 획기적인 선을 긋지 않았나 아마추어적인 생각을 한다.

LED의 L이 light로써 보통 가시광선을 의미하지만, 여기에는 적외선과 자외선도 포함된다. 이들 두 복사선은 에너지 혹은 파장 영역이 가시광선과 다르고 우리 눈으로 감지하지 못할 뿐 기본적인 특성은 가시광선과 같다. 리모컨에서 적외선이 나오는 사실은 앞에서 설명하였다. UV-LED 개발이 성공함으로써 자외선 소스가 기존의 자외선램프가 반도체 칩같이 간단한 소자로 교체됨으로써 많이 편리하게 되었다.

투명전극
―플라스마 주파수

앞의 절에서 도체인 금속은 빛이 통과하지 않고 유리 같은 부도체는 빛에 투명한 이유를 설명하였다. 한편 휴대전화나 텔레비전의 화면을 나오게 하려면 전원을 켜야 한다. 디스플레이를 이루는 수많은 LED는 전기가 들어가야 작동하게 된다. 전기가 잘 통하는 도선으로 각 LED에 전기를 공급해야 한다. 또 각 LED를 도선에 연결하는 전극이 필요하다. 배선이나 전극이 우리 눈에 노출되지 않도록 디스플레이 기기 설계 시에 세심한 배려가 필요할 것이다. 만약에 빛이 나오는 LED나 LCD와 우리 눈 사이에 배선이나 전극이 존재할 수밖에 없는 경우, 금속으로 전극을 만들면 그 부분은 빛이 통과하지 않아 화면에 지저분하게 전극이 보일 수 있어서 영상이 깨끗하게 나오지 못할 수가 있다. 이것 때문에 디스플레이 제품에서는 전기도 잘 통하고 빛에 투명한 재료를 전극 혹은 배선으로 사용해야 한다. 그런데 빛도 투과하고 전기도 잘 통하는 재료를 설계하는 것이 가능할까?

물리학적인 논의와 수학적 과정을 거치면 물질마다 플라스마 주파수(plasma frequency)라는 지표가 정의된다. 재료의 플라스마 주파수보다 큰 주파수를 갖는 전자기파가 이 재료에 입사되면, 전자기파의 감쇠가 전혀 일어나지 않는다. 충분히 큰 주파수를 갖는 전자기파는 이 재료를 자유롭게 통과한다. 그 전자기파가 가시광선이라면 그 재료는 우리 눈에 투명하게 보인다. 구리나 철 같은 금속의 플라스마 주파수를 계산하면 이 값은 대부분 가시광선의 주파수보다 높게 나온다. 즉 보통의 금속은 가시광선을 통과시키지 못하여 좋은 창문이 될 수 없다. 그러나 주기율표에서 1족에 속하는 나트륨 같은 알칼리 금속들은 가시광선 주파수보다 약간 높은 근 자외선(near ultraviolet ray) 영역에서 갑작스러운 투과의 증가 현상을 보이는데, 이는 이 금속들의 플라스마 주파수가 자외선의 주파수에 가까운 값이기 때문이다. 재료의 플라스마 주파수보다 큰 주파수를 갖는 전자기파는 이 재료를 투과하게 되는데, 몇몇 금속의 플라스마 주파수는 가시광선 주파수에서 그리 멀리 떨어져 있지 않다.

디스플레이 소자에 적합한 투명전극을 얻기 위해서는 플라스마 주파수가 근적외선(near infrared ray)의 주파수보다 작은 재료면 충분하다. 오늘날 투명전극으로 일반적으로 사용되는 재료는 인듐 주석 산화물(ITO, indium tin oxide, $InSnO_2$)이며, 이 재료는 실제로 근적외선 내에 플라스마 주파수를 갖고 있어서 가시광선을 투과시키면서 여전히 전기를 잘 통하여 전극으로 사용할 수 있다.

ITO가 투명전극으로 사용되기 위해서 만족해야 할 두 번째 조건은 흡수단(absorption edge)이 자외선 영역에 있어야 한다. 그러기 위해서는 투명전극 재료의 에너지 밴드 갭(Eg)이 3.1 eV보다 커야 한다. 흡수단에 대해서는 '창문과 대문' 절에서 설명한 바 있다. ITO는 자신의 플라스마 주파수 이하의 주파수를 갖는 적외선과 에너지 밴드 갭 이상의 에너지를 갖는 자외선 영역의 빛은 흡수하는 반면 이들 사이에 있는 가시광선은 흡수하지 않는다.

물질의 플라스마 주파수(plasma frequency)에 대해서 좀 더 얘기를 풀어 볼까 한다. 우리가 집에 와이파이를 설치하면 휴대전화 통신 요금을 줄일 수 있다. 딸이 자기 방에 들어가 문을 걸어 잠가 놓은 채 휴대전화로 통화나 문자를 하는데 전혀 지장을 받지 않는다. 건물 벽의 플라스마 주파수가 휴대전화 전파의 주파수보다 작아서 전파는 벽을 통하여 잘 투과되는데, 엄마의 눈은 방 안을 볼 수가 없고 소리는 엄마 귀에 잘 들리지 않는다. 통화하면서 급히 외출할 때는 철 대문 밖에서도 와이파이가 연결된다. 한편 옛날 연속극을 보면, 솜이불을 뒤집어쓰고 컴컴한 상태에서 유선전화로 비밀스러운 통화를 하는 장면이 나온다.

지구 대기 상층부의 이온층(ionosphere)의 플라스마 주파수는 100MHz 정도이다. AM 라디오는 이 이하의 주파수를 사용하여 음성데이터를 전송하므로, 이온층은 AM 라디오파에 불투명하여 이 파를 지구로 도로 반사한다. 지표나 바다에서는 이 전파를 도로 상부로 반사한다. 옛날에 장파 방송인 미국의 소리(VOA, Voice of America) 방송이 지구 반대편에 있는 우리나라에서도 청취가 가능했던 이유이다. 한편 TV 전파는 이온층에 투명하여 지구 이온층 밖에 있는 우주선에 탑승하고 있는 우주인(astronaut)은 TV 드라마를 즐길 수 있다. 물론 잡음이 심하겠지만, 달이나 다른 천체에서도 TV 전파를 감지할 수 있다. 참고로 우리나라에서 AM 장파 방송에 할당된 전파의 주파수는 30 ~ 300 kHz이고 디지털 텔레비전 방송의 할당 주파수는 470 ~ 806 MHz이다.

에필로그

세렌디피티

우주가 처음 생겨났을 때부터

모든 건 정해진 거였어.

Just let me love you.

넌 내 푸른곰팡이,

날 구원해 준

나의 천사, 나의 세상.

—박지민, <Serendipity>(2018)

위 노랫말은 방탄소년단(BTS) 중 한 명인 지민이 부른 〈세렌디피티〉의 일부이다. 세렌디피티(serendipity)는 '뜻밖의 발견, 의도하지 않은 발견, 운 좋게 발견한 것'을 뜻한다. 영국 작가 월폴(Horace Walpole, 1717~1797)이 쓴 'The Three Princes of

Serendip'이라는 우화에 근거하여 만든 말로 스리랑카(Sri Lanka)의 옛 이름인 Serendip 왕국의 세 왕자가 섬을 떠나서 세상을 겪으면서 뜻밖의 발견을 한다는 데서 착안하였다고 한다.

요즘에 세렌디피티는 과학적 방법론의 하나로 인식되고 있다. 그 사례로 플레밍(Alexander Fleming, 1881~1955)에 의한 페니실린 발견을 들 수 있다. 세균을 배양하다 보면 곰팡이가 피게 되는데, 이렇게 되면 그 실험은 실패하고 곰팡이가 핀 배양기는 버리게 된다. 그러나 꼼꼼한 플레밍은 배양기를 자세히 살펴보고 푸른곰팡이가 핀 주변에 세균이 자라지 못한다는 사실을 발견한다. 바로 푸른곰팡이에 있는 페니실린이란 물질이 세균을 죽인 것이다. 이렇게 우연히 페니실린을 발견한 플레밍 덕분에 수많은 사람의 상처를 치료하고 귀한 생명을 구하게 된다. 플레밍은 페니실린의 추출과 정제기술을 개발한 두 명의 후배와 함께 노벨 의학상을 1945년에 수상하였다. 푸른곰팡이(Penicillium)가 무슨 빛깔일까? 녹색(green)일까? 청색(blue)일까? 궁금하여 백과사전을 찾아보니 녹색 계통이었다. 자신의 호주머니에 들어 있는 사탕이 눅눅해지는 사실을 우연히 발견하고 그 원인을 찾아 전자레인지를 발명한 레이시온(Raytheon) 회사의 레이다 연구원의 사례도 대표적인 세렌디피티로 꼽힌다.

2002년 노벨 화학상 수상자 중에 한 사람이 다나카 고이치(田

中耕一, 1959~)이다. 그는 과학 분석기기를 제작하는 시마즈제작소에 근무하는 연구원으로 도호쿠대학 전기공학과에서 학사 학위를 받았는데, 뜬금없이 노벨 화학상을 받았다. 그는 과학 분야 노벨상 수상자 중 유일한 학사 출신이라고 한다. 본인은 대학 졸업 후에 도쿄(東京) 근처에 있는 큰 전자 회사에 취직하고 싶었으나 잘 안 되어 1983년 교토(京都)에 있는 시마즈제작소에 입사한 후 주임연구원으로 재직하던 중 1985년 연성 레이저 이탈(Soft Laser Desorption) 기법을 개발하였다. 이 기술은 단백질 같은 거대 분자의 질량을 측정하는 방법인데 당시에는 단백질과 같은 거대 분자는 레이저를 쬐면 결합구조가 파괴되어 분자 개개의 질량을 측정할 수 있는 수단이 없었다. 이에 다나카는 코발트 나노입자와 글리세롤의 혼합물 상에서는 레이저를 쪼아도 단백질이 파괴되지 않는 현상을 발견해 단백질의 질량분석이 가능케 했다. 단백질 분석 기계를 개발하고 팔아야 하는 업무 속성상 수행한 일이지만 생체를 분석하기 위해서 금속 입자를 섞는 일은 당시에 상상을 초월하는 발상으로 일종의 세렌디피티라고 본다. 그 분야의 전문가들이 발표하는 논문에 그가 개발한 방법을 다나카 방법이라고 인용하면서 사계에 널리 알려지게 되었고 그 공로로 젊은 나이에 노벨 화학상을 공동 수상하였다.

그보다 조금 이른 2000년도 노벨 화학상은 금속처럼 전기가 잘 통하는 전도성 고분자(플라스틱)를 발명한 공로로 일본인 시라카와 히데키(白川英樹, 1936~)에게 돌아갔다. 그가 도쿄공업대학 조교수로 재직하던 1970년대 초반 유기고분자 합성 실험을 하던 중 연구에 참여한 한 연구원이 실수로 금속 원소를 1,000배 더 첨가한 것이 원인이 되어 돌연 은색의 광택을 내는 박막이 생긴 것을 발견했다. 이 박막이 금속적 특성을 띠고 있다는 사실을 알고 서양의 두 이론가와 공동연구에 들어가서 그 원리를 설명하게 되었는데, 그 공로로 두 학자와 함께 노벨 화학상을 공동 수상했다. 그 연구원이 지도교수의 지시를 잘못 해석하여 실시한 엉뚱한 실험이 전도성 폴리머 발견의 실마리가 되었다. 지금도 일반인들은 플라스틱을 부도체로 인식하고 있다. 오늘날 전도성 고분자 기술은 OLED 디스플레이 제조에 적용되고 있다.

세렌디피티 정신은 과학적인 발견에 국한되어 있지는 않다. 우리의 일상생활에서도 이런 현상은 수없이 많이 발견된다. 다음은 커피에 관한 이야기로 약간은 필자의 상상력이 들어가 있다. 커피가 처음으로 발견된 곳은 북부 아프리카 고원지대, 지금의 에티오피아 산악지방이라고 알려져 있다. 산악지대에서 목동들이 기르던 양들이 어느 지역을 갔다가 오면 눈에 생기가 돌고 활력이 넘침을 발견하였다. 그 원인을 생각해 보니 그 지역에 있는 나무의 열매를 양들이 따 먹었기 때문이라고 알게 되었고 목동들도 그 열매를 따 먹어보니 몸에 활력이 생김을 알게 되었다. 이 사실이 그 지역에 널리 퍼지게 되어 사람들이 그 열매를 따서 보관하고 상용(常用)하게 되었다. 커피의 어원은 아랍어인 카파(Caffa)로서 힘을 뜻한다.

세월이 흘러 그 지방에 수도원이 들어서게 되었는데, 젊은 수도사들이 커피나무 열매를 자루에 넣어 숨겨 두고 틈틈이 먹었다. 수도원장이 보니 수도사들이 잘 먹지도 못하는데 정신이 맑고 힘이 있어 보이는 게 수상하여 따져보니 모두 커피 열매를 꼬불쳐 두고 있었다. 수도원장이 그것은 악마의 열매라고 하며 커피 열매를 모두 수거하여 수도원 앞마당에 모아놓고 불태우도록 했다. 그때 커피 열매를 태우면 냄새가 구수하다는 사실을 사람들이 알게 되면서 커피는 원두를 말려서 볶아 먹어야 제격이라고 생각하게 되었다. 이른바 커피 로스팅(roasting) 기술의 발견이었다. 생두(green bean)에 열을 가하여 볶는 로스팅 기술은 온도, 시간, 속도 등에 따라 커피 맛이 달라지는데, 전문가들은 볶음 정도에 따라 맛과 향미의 변화를 몇 단계로 세분화한다.

세월이 더 흘러, 유럽이 인류 역사의 중심이 되면서 커피가 유럽에 유입되었다. 당시 유럽에서는 사람과 대화할 때 뜨거운 물에 커피 가루를 설탕과 섞어 타 먹어야 상류사회의 일원이 되었다고 생각하였다. 당연히 커피의 수요가 늘어나고 관련 사업이 큰 이익을 가져왔다. 에티오피아 지역에서 공급되는 물량에 한계가 있자 당시 대항해시대에 들어서면서 자본가와 상인들이 커피나무가 잘 자라는 식민지 지역으로 나무를 이전하여 재배하기 시작하였다. 이것이 이른바 플랜테이션(plantation)인데 차, 사탕수수, 후추 등도 주요 대상 품목이었다. 지금 파악되기로는 세계적으로 커피가 생산되는 곳은 남위 25°부터 북위 25° 사이의 열대, 아열대 지역으로 커피 벨트(Coffee Belt) 또는 커피 존(Coffee Zone)이라고 부른다. 중남미의 브라질, 콜롬비아, 과테말라, 자메이카 등에서 중급 이상의 아라비카 커피(Arabica Coffee)가 생산되고 중동, 아프리카인 에티오피아, 예멘, 탄자니아, 케냐 등은 커피의 원산지로 유명하지만, 최근에는 다른 나라보다 커피 산업이 뒤처지고 있다. 아시아, 태평양 지역인 인도, 베트남과 인도네시아에서는 대부분 로부스타 커피(Robusta Coffee)가 생산되고 있는데, 소량의 아라비카 커피를 생산하여 최상급의 커피로 인정받는 품목도 있다. 세계 3대 커피는 자메이카의 블루 마운틴(Blue Mountain), 하와이의 코나(Kona), 예멘의 모카(Mocha)이다.

각 대륙에 조성된 커피 농장에서는 커피의 대량생산이 시작되었는데 커피의 재배와 수확을 위해서 많은 노동력이 필요하였다. 그 노동력을 현지인이나 아프리카에서 온 노예들이 담당하였고, 유럽의 농장주들은 옛날 우리나라에 있었던 마름 역할을 하는 관리인을 두어 플랜테이션을 운영하였다. 농장 관리인은 농장의 생산성을 극대화하기 위하여 노동자들을 가혹하게 다루었는데, 노동자들은 힘든 일을 하면서 커피 열매를 호주머니에 넣어 집에 가져가서 복용하며 육체노동의 어려움을 이겨내었다. 이로써 농장 소출에 구멍이 나게 됨을 감지한 농장주와 관리인은 퇴근하는 노동자들의 소지품을 검사하고 가져가려는 커피 열매를 몰수하였다. 이미 커피에 인이 박인 노동자들이 농장에 있는 사향고양이의 배설물에 커피 열매가 섞여 있음을 발견하고 거기서 주운 열매를 씻어서 끓여 먹어보니 맛이 일품이었다. 이렇게 해서 루왁 커피가 발견되었다. 이렇게 시장에 나간 커피가 시장에서 인기가 높고 가격이 높게 되자, 이제 농장에서는 사향고양이를 기르는 시설을 설치하고 다량으로 사육하기 시작하였다고 한다. 지금 베트남에 여행을 가면 관광상품 판매처에서 별도로 루왁 커피를 팔고 있다. 서울 도심의 유명 커피점에서는 루왁 커피 브랜드는 돈을 더 내야 마실 수 있다.

우리나라에서 소비되는 커피의 양은 세계에서 손꼽는 수준이 되었다. 옛날식 다방은 없어지고 브랜드명을 앞세운 전문 커피점이 거리마다 생겨났다. 커피를 많이 마시면 밤에 숙면에 지장이 있음을 알지만, 낮에 사람을 만나면 커피를 마셔야 한다. 커피점에 가면 메뉴에 여러 가지 외래어가 눈에 띄는데, 제일 싸고 앞에 나와 있는 아메리카노를 주문한다. 그다음에 에스프레소(espresso)부터 시작해서 다양한 커피 메뉴가 나온다. 메뉴명에 라테(latte)가 붙는 경우, 라테(Latte)는 우유를 뜻하는 이탈리아어로 에스프레소에 우유를 섞은 것을 말한다. 마키아토(macchiato)는 이탈리아어로 '얼룩진'의 뜻으로 우유를 아주 조금만 넣거나, 우유 거품만을 얹은 커피를 말하며, 프라페(frappe)는 영어로 셰이크(shake)와 같은 뜻으로 얼음을 갈아 섞는 커피를 말한다. 카푸치노(cappuccino)는 가톨릭 수도단체에서 쓰던 희고 긴 모자의 형태에서 유래한 것으로 에스프레소에 풍부한 우유 거품을 얹은 것을 뜻한다. 특히 카푸치노는 우유의 흰 빛깔과 에스프레소의 갈색 색 대비를 통해 하트와 나뭇잎 등을 표현하는 라테아트가 가능한 메뉴이다.

 이밖에 미국의 햄버거나 스테이크 음식집에 있는 프렌치프라이(French fries)도 세렌디피티의 산물이라는 얘기가 있다. 원래는 음식점에서 감자를 통째로 구워서 고기와 같이 내놓는 메뉴였는데, 한 요리사가 고약한 손님을 골탕 먹이려고 감자를 썰어서 튀겨 내놓았는데, 그 음식이 손님들의 인기를 끌면서 정식 메뉴가 되었고, 상업적으로 봉지에 든 과자 등으로 개발되기 시작했다고 한다.

이렇듯 세렌디피티는 위대한 과학의 발견이나 인류 문화의 진전에 큰 역할을 해 왔지만, 각 개인의 정신세계나 일상생활에서도 큰 길잡이가 되어 왔다. 자연현상을 과학이라는 이름으로 이해하고 파악하는 데 평생을 훈련받아 왔고, 그 지식을 우리 생활과 문명에 유익하게 활용하고자 하는 공학 교육을 받아 온 필자가 은퇴하고 몇 년을 보내면서 느낀 소회가 본인이 더 늦기 전에 평생의 생각을 글로 써 놓는 게 유익하겠다는 생각에 도달하였다. 한두 달 사이에 책 세 권 분량의 글을 완성할 수 있었다. 완성된 글을 주위의 지인들에게 돌려 읽게 해서 반응을 보았다. 인문학적 배경을 갖는 친지들은 과학과 기술에 관한 내용이 너무 전문적이어서 글이 어렵다는 반응이 왔다. 이과적인 소양이 있는 친구들은 인문학적인 이야기가 어줍다는 반응을 보였다.

나는 책으로 지식을 습득한 세대이므로 나의 글을 책으로 출간하고 싶었다. 요즘은 책을 별로 읽지 않는 추세여서 책 출간이 적정하겠느냐는 이야기가 주위에서 나왔다. 그래도 자기의 글에 자존심은 있어서 몇 군데 유명 출판사의 문을 두드려 봤으나 출간해 주겠다는 반응이 없었다. 그러면서 알아보니 '독립 출판'이라는 게 있다고 알게 되었고, 1인 출판사를 창업하여 본인의 글을 직접 출간해 보겠다고 판단하였다. 이 글의 내용은 알아도 그만 몰라도 그만으로 그 지식이 먹고 사는 데 전혀 영향을 주지 않는다. 다만 현대를 사는 데 과학 지식을 조금이라도 이해하고 있으면 일상생활에 도움이 될까 하는 마음에서 글을 썼다. 문학 등 인문학적인 이야기를 곁들인 이유는 필자의 과거 회상과 관련이 있고, 글을 너무 어렵지 않도록 하려는 배려에서 나왔다고 독자들께서 이해해 주셨으면 한다.

드림 스펙트럼

1쇄 인쇄	2023년 5월 9일
1쇄 발행	2023년 5월 12일

지은이	강찬형
펴낸이	강찬형
펴낸곳	무지개꿈
신고번호	제2023-000025호
신고일자	2023년 2월 7일
주소	서울시 송파구 올림픽로 35길 104, 24동 702호
팩스	0505-055-2328
이메일	chanhkang@naver.com

ⓒ 강찬형 2023

ISBN 979-11-982929-1-9 (03400)

- 이 책은 저작권법에 따라 보호받는 저작물이므로 무단 전재와 무단 복제를 금지하며, 이 책 내용의 전부 또는 일부를 이용하려면 반드시 저작권자와 무지개꿈의 서면 동의를 받아야 합니다.
- 잘못 만들어진 책은 바꾸어 드립니다.
- 책값은 뒤표지에 있습니다.